Über die Entwicklungsmöglichkeiten des

Induktionsmotors

für Einphasen-Wechselstrom.

Dissertation

zur

Erlangung der Würde eines Doktor-Ingenieurs

vorgelegt von

Dipl.-Ing. R. von Koch

aus St. Kopparberg in Schweden.

Genehmigt von der Königlichen Technischen Hochschule zu Berlin.

Referent: Professor Dr.-Ing. W. Reichel.
Korreferent: Professor Dr. W. Wedding.

Berlin 1905.

Verlagsbuchhandlung von Julius Springer, Berlin.

ISBN-13: 978-3-642-98486-0 e-ISBN-13: 978-3-642-99300-8
DOI: 10.1007/ 978-3-642-99300-8

Universitäts-Buchdruckerei von Gustav Schade (Otto Francke) in Berlin N.

Meinem Lehrer

Herrn Geh. Reg.-Rat Prof. Dr. A. Slaby

in Verehrung und Dankbarkeit

Der Verfasser.

Inhalt.

Einleitung.

Ende der achtziger Jahre des vorigen Jahrhunderts, als das Bedürfnis der sich rasch entwickelnden Industrie nach überall leicht verfügbarer Triebkraft es notwendig machte, elektrische Energie auf weitere Entfernungen zu übertragen, trat hier in Europa der Wechselstrom zum ersten Mal dem bis dahin fast souverän herrschenden Gleichstrome als gefährlicher Konkurrent an die Seite. Es kam bei den ersten Wechselstromanlagen meist darauf an, die so übertragene elektrische Arbeit in mechanische umzusetzen und es lag somit nahe, bei denselben mehrphasige Systeme, besonders Drehstrom zu verwenden, denn man hatte in dem damals vor kurzem von Ferraris und anderen fast gleichzeitig erfundenen mehrphasigen Induktionsmotor eine Triebmaschine, die für den in Frage kommenden stationären Betrieb in hohem Grade geeignet war, und die sich durch Einfachheit der Herstellung und der Handhabung sowie durch Unempfindlichkeit gegen äußere Einflüsse wie Staub, Feuchtigkeit u. s. w. sogar dem Gleichstrommotor bedeutend überlegen zeigte. Wenn man noch dazu berücksichtigt, daß der Mehrphasenmotor einen hohen Wirkungsgrad und große Überlastungsfähigkeit besaß und ohne Schwierigkeit eine Regulierung des Drehmomentes (mittels Widerstände im Ankerstromkreis) zuließ, ist es nicht zu verwundern, daß er als der „Wechselstrommotor der Zukunft" betrachtet wurde, und daß folglich das besondere Interesse der elektrotechnischen Fachwelt mehr auf seine Vervollkommnung als auf die Schaffung anderer Motore gerichtet wurde.

Wenn also dennoch aus diesen Kinderjahren der Wechselstromtechnik einige Bestrebungen zu verzeichnen sind, die darauf hinzielten, den einphasigen Wechselstrom zum Betrieb von Induktionsmotoren zu verwenden, muß man annehmen, daß sie, soweit sie nicht einem rein wissenschaftlichen Interesse entsprangen, ihren Grund in einer gewissen Unkenntnis der Betriebsverhältnisse und der Wirtschaftlichkeit der mehrphasigen Anlagen hatten sowie in einer gewissen Abneigung des Gleichstromtechnikers gegen die Verwendung von drei oder sogar vier Leitungen oder schließlich auch, wie es besonders in den Vereinigten Staaten Nordamerikas der Fall war, daß schon vielfach Leitungsnetze für einphasigen Wechselstrom vorhanden waren, und man deshalb also gezwungen wurde, einen für den Anschluß an diese Netze geeigneten Motor zu schaffen. Wie es so oft der Fall gewesen, daß die Bestrebungen, Neues zu finden, sich erst dann erfolgreich zeigen, wenn sie in den Anforderungen und Bedürfnissen der Praxis ihren Ursprung und festen Rückhalt haben, so geschah es auch hier, denn aus Amerika stammt der erste Einphasen-Induktionsmotor. Grundlegende Versuche, welche zur Erfindung dieses Motors leiteten, wurden von Elihu Thomson ausgeführt.

Er zeigte, daß ein in einem Wechselfelde befindlicher elektrischer Leiter, wenn ihm von Anfang an eine gewisse Drehgeschwindigkeit im Felde erteilt wird, diese Geschwindigkeit bis auf eine „mit dem Felde synchrone" steigern und von selbst beibehalten kann. Wenn anstatt dieses Leiters ein Anker aus lamelliertem Eisen gesetzt wurde, welcher eine größere Zahl an den Enden miteinander verbundener Kupferstäbe trug, so fand er, daß derselbe, einmal auf Geschwindigkeit gebracht, bei fast gleichbleibender Tourenzahl eine gewisse Bremsleistung abgeben konnte, mithin als Motor verwendbar war. Dies war die Urtype für den Einphasen-Induktionsmotor.

Auch Nikola Tesla hat eine Fülle verschiedener Anordnungen zur Verwendung des Einphasenstroms für Betriebszwecke ersonnen. Seine Versuche gehen fast alle in der Richtung, das einfache Wechselfeld in ein Drehfeld zu verwandeln, und zwar durch Anbringen mehrerer, von Strömen verschiedener Phase von außen gespeister Wicklungen an den Stator des Motors. Es ist diese Methode, wie später gezeigt werden soll, eine wenig glückliche. Außerdem scheint Tesla nicht die Notwendigkeit beachtet zu haben, das Entstehen eines solchen Drehfeldes um den Rotor durch geeigneten magnetischen Aufbau des Motors zu begünstigen. Seine Motore, welche durch stark ausgeprägte, die Wicklung tragende Polansätze gekennzeichnet waren, ließen naturgemäß ein Entstehen eines gleichmäßigen Drehfeldes nicht zu, weil zwischen den Polansätzen ein sehr großer magnetischer Widerstand im Wege des Feldes eingeschaltet war. Die Teslaschen Motore haben deshalb, so genial gedacht sie auch sind, weniger praktische Bedeutung erlangt als die auf Grundlage der Thomsonschen Versuche und unter Benutzung der von Wenström zuerst angegebenen gleichmäßig um den Anker verteilten Nutenwicklung von verschiedenen Konstrukteuren gebauten Einphasenmotore. Solche wurden in größerem Maßstabe zuerst in Europa von der Oerlikon-Elektrizitäts-A.-G. hergestellt.

Aber auch dieser sogenannte asynchrone Einphasenmotor gelangte bis jetzt wenig zur Verwendung, da er nur in wenigen Fällen, besonders wie schon erwähnt da, wo Anlagen für Einphasenstrom schon vorhanden waren, mit den mehrphasigen Asynchronmotoren in Wettkampf treten konnte. Auf die Ursache hierzu werde ich im folgenden beim Vergleich der verschiedenen Motortypen näher eingehen.

So hat dieser Einphasenmotor während einer Zeit von etwa 10 Jahren nur dann von sich reden lassen, wenn es galt, irgend eine neue Theorie oder einen Vorschlag zur Ableitung seiner Eigenschaften durch eigenartige Zerlegung seines magnetischen Feldes aufzustellen, oder, was noch öfter vorkam, zu bemängeln, und erst in allerletzter Zeit wurde das Interesse für ihn wieder rege, als die Frage von dem Einführen des elektrischen Betriebes für Vollbahnen aktuell wurde. Hierbei geschah das Eigentümliche, daß gerade die Einphasenmotore, welche für diesen Zweck als technisch vollständig durchgebildet und als wirtschaftlich vorteilhaft zuerst aus der Menge der vorgeschlagenen Konstruktionen hervortraten, eben Induktionsmotore waren, obwohl in etwas abgeänderter Form. Es sind unter diesen Motoren in erster Linie die von Schüler und Winter-Eichberg zu nennen. Obwohl als Kollektormaschinen ausgebildet, stellen sie in der Tat, wie ich zeigen werde, nichts anderes dar als kompensierte Ausführungsformen des seit so vielen Jahren als untauglich angesehenen Thomsonschen Induktionsmotors. Angesichts dieser überraschenden Tatsache stellt sich jetzt unwillkürlich die Frage: Sind mit diesen neuen Formen des alten, vielumstrittenen Motors seine Entwicklungsmöglichkeiten schon erschöpft, und wenn dies nicht der Fall ist, in welcher Richtung soll man die weitere Vervollkommnung desselben suchen?

Diese Frage werde ich im folgenden zu beantworten versuchen.

Der Induktionsmotor für Einphasenstrom, dessen Eigenschaften wir jetzt näher untersuchen wollen, unterscheidet sich von anderen Einphasenmotoren dadurch, daß sein Rotor nur durch elektromagnetische Induktion vom Stator beeinflußt wird. Diese, man könnte sagen ursprünglichste Eigentümlichkeit des Induktionsmotors hat auch eine wichtige praktische Bedeutung. Es ist nämlich offenbar immer möglich, ohne Verwendung besonderer Transformatoren solche Motore mit einer Rotorspannung zu bauen, welche von der zugeführten Primärspannung vollkommen unabhängig ist und folglich auch bei Hochspannungsmotoren sehr niedrig gehalten werden kann. Wie sich im folgenden herausstellen wird, zeigen außerdem die Induktionsmotore unter sich eine ganz bestimmte und sehr große Ähnlichkeit, welche ganz unabhängig von der Bauart, dieselben als eine natürlich abgegrenzte Gruppe von Motoren erscheinen läßt: Motore, welche ihre Rotorenergie ausschließlich durch Vermittlung des magnetischen Kraftfeldes erhalten. Man kann deshalb, wenn man einen dieser Motore in bezug auf seine verschiedenen elektrischen Eigenschaften untersucht hat, und wir wollen für diese erste Untersuchung den einfachsten, den Asynchronmotor, wählen, man kann dann durch sehr einfache Analogien die entsprechenden Größen für alle anderen Induktionsmotore finden und so den Vergleich und die Beurteilung der verschiedenen Betriebseigenschaften in übersichtlicher Weise durchführen.

Es ergibt sich somit für unsere Untersuchung der aus dem Inhaltsverzeichnisse ersichtliche Plan[1]).

Ehe ich dazu übergehe, die Beziehungen abzuleiten, welche das allgemeine Verhalten des asynchronen Einphasenmotors bestimmen, möchte ich einiges bemerken über die Methode, die ich bei Behandlung der folgenden Wechselstromprobleme benutzen werde.

Es gibt im allgemeinen drei verschiedene Wege zur Klarlegung der Wechselstromerscheinungen: durch Rechnung, graphische Darstellung und unmittelbare Anschauung. Von diesen ist besonders dann der erste einzuschlagen, wenn die Erscheinungen sich gegenseitig beeinflussen, so daß also eine einzige Ursache und deren Wirkung nicht von den anderen unabhängig behandelt und somit der Vorstellung nahe gebracht werden können, und zweitens auch dann, wenn es darauf ankommt, eine genaue quantitative Bestimmung einer Größe zu erhalten. Die graphische Darstellung soll dann einen durch die Rechenoperationen meist verwischten Zusammenhang zwischen Ursache und Wirkung möglichst übersichtlich und anschaulich darlegen und somit als Ergänzung der rechnerischen Methode dienen. Die Darstellungsart, welche diesen Bedingungen am besten entspricht, dürfte die durch offene

---

[1]) Die Behandlung der Theorie und die Berechnung des Einphasen-Asynchronmotors, welche hier vorliegen, stützen sich im wesentlichen auf die Methode von Potier und Görges. Die Untersuchung und Darlegung der Betriebsverhältnisse dieses Motors habe ich deshalb etwas ausführlicher behandelt, als es zur Lösung der hier gestellten Aufgabe unumgänglich nötig gewesen wäre, weil es mir erwünscht erschien, für didaktische Zwecke eine einfache und einwandsfreie Klarlegung der Eigenschaften gerade dieses Motors zu erhalten. Da die öfters verwendete Methode der Zerlegung seines Wechselfeldes in Drehfelder in obengenannter Beziehung viel zu wünschen übrig läßt, andererseits aber die Veröffentlichungen von Prof. Görges nicht ohne weiteres für Lehrzwecke dienlich erscheinen, habe ich im ersten Abschnitt meiner Arbeit versucht, die von ihm entwickelte Methode in eine für Unterricht und Berechnung geeignete Form zu bringen. Um die Brauchbarkeit der hier abgeleiteten Formeln darzutun, ist nach denselben im Anhang I die Berechnung eines asynchronen Einphasenmotors durchgeführt und die Resultate mit den durch Bremsung des Motors gefundenen Werten zusammengestellt.

Vektorendiagramme sein. Als verfehlt muß es dagegen angesehen werden, sich bei solcher Gelegenheit umgeformter oder „vereinfachter" Diagramme, z. B. nach Art der Kreisdiagramme, zu bedienen. Diese sollten nur dann verwendet werden, wenn es darauf ankommt, ein angenähert richtiges Bild für den Verlauf praktisch wichtiger Größen in einfacher Weise zu erhalten, nicht aber da, wo der kausale Zusammenhang in erster Linie gewahrt werden muß.

In allen hier oben nicht erwähnten Fällen soll versucht werden, die Wirkungen der als bekannt angenommenen Vorgänge möglichst durch reine Überlegung zu finden. Es brauchen die hierdurch erzielten Vorteile in bezug auf Übersichtlichkeit und Einfachheit nicht besonders hervorgehoben zu werden. Selbstverständlich wird diese Methode andererseits etwas mehr Mühe kosten als die rechnerische, da bei letzterer die logischen Schlußfolgerungen gewissermaßen automatisch durch das mathematische Handwerkzeug ausgeführt werden.

Der asynchrone Induktionsmotor[1]).

Ableitung der Strom- und Spannungswerte für den Rotor. Berechnung von Drehmoment und Leistung.

Der asynchrone Induktionsmotor besteht aus einem induzierenden Teil (Fig. 1, Wicklung I), den wir als feststehend annehmen wollen, und welcher mit Wechselstrom aus der Primärleitung gespeist wird, und aus einem induzierten Teil, dem Anker, welcher in dem vom Stator erzeugten Wechselfelde rotieren kann. Dieser Rotor soll Kurzschlußwicklung besitzen, und zwar wollen wir annehmen, daß dieselbe als Käfigwicklung ausgeführt ist.

Wird nun der stillstehende Rotor der Einwirkung des Primärfeldes ausgesetzt, so werden in den Ankerstäben Ströme induziert, welche den primären (Stator-) Amperewindungen fast genau entgegenwirken. Die Achsen der primären und sekundären Felder fallen somit zusammen. Ich nenne diese gemeinschaftliche Achse die x-Achse eines rechtwinkligen Koordinatensystems und lege senkrecht dazu eine y-Achse, welche sowie die x-Achse als gegen die Rotationsachse des Motors senkrecht gedacht ist. Alle die Windungen, welche Kraftlinien in positiver oder negativer Richtung der x-Achse senden oder senden können, nenne ich x-Windungen; der Stator (I), ebenso wie der Rotor bei Stillstand, hat also nur x-Windungen. y-Windungen sind die, welche Kraftlinien in Richtung der y-Achse senden.

Solange der Anker stillsteht, ist das Drehmoment gleich null, denn zwei magnetische Felder, welche gemeinsame Achse haben, können nie aufeinander eine Drehwirkung ausüben.

---

[1]) Die Bezeichnung „asynchron" ist für diesen Motor eigentlich wenig am Platze, da er in der Tat von allen Induktionsmotoren und allen Kollektorwechselstrommotoren derjenige ist, welcher in seiner Tourenzahl dem Synchronismus am nächsten kommt. Der Name ist hier indessen, da die Benennung sich schon eingebürgert hat, beibehalten.

Der Motor nimmt aber einen großen und gegen die aufgedrückte Primärspannung stark verschobenen Strom auf, groß, weil bei kleinem Ohmschen Widerstand der Wicklungen die relativ kleine Sreuung der aufgedrückten Spannung das Gleichgewicht halten muß, und verschoben, weil es also eigentlich die E.M.K. der Streuung ist, die diesen Strom erzeugt[1]).

Der Motor geht also trotz Aufnahme einer großen Stromstärke, die außerdem eine beträchtliche Phasenverschiebung besitzt, nicht von selbst an.

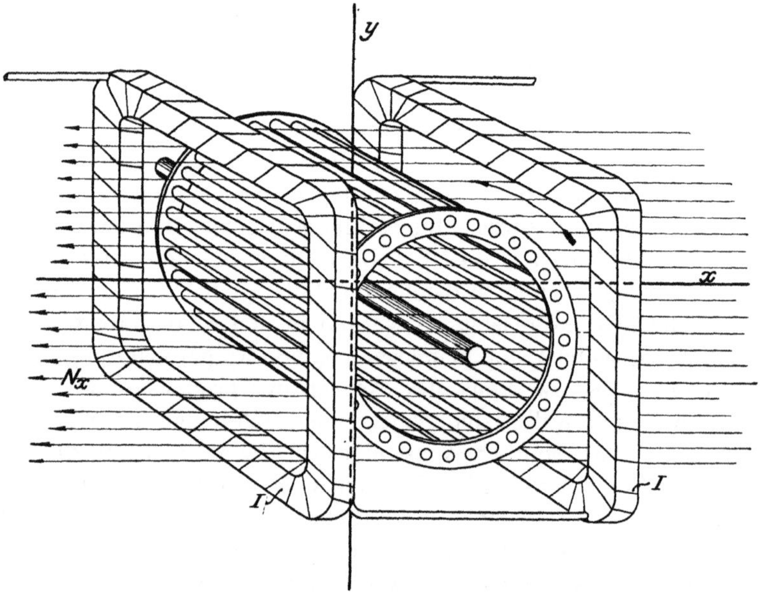

Fig. 1.

Wird jetzt in irgend einer Weise der Anker in Drehung versetzt, so bleiben erstens, da die Rotorwicklung symmetrisch ist und aus vielen Stäben besteht, die x-Windungen des Rotors und die darin fließenden x-Ströme räumlich ungeändert, es

---

[1]) Jede E.M.K. ist nämlich immer in Phase mit dem von ihr erzeugten Strome wie jede M.M.K. mit dem von ihr hervorgerufenen Kraftlinienfluß. Wenn man also sagt, daß der Strom gegen seine E.M.K. Phasenverschiebung hat, so ist dies nur eine allgemein angenommene Bezeichnung dafür, daß auch andere E.M.K.K. in derselben Leitung auftreten.

werden aber jetzt dadurch, daß der Anker im x-Felde rotiert, Ströme erzeugt, welche ein Feld in Richtung der negativen y-Achse schicken (Fig. 2), vorausgesetzt, daß der Rotor sich, wie in der Figur angedeutet, gegen Uhrzeigerrichtung dreht, und die Richtung des in dem betreffenden Augenblicke vom Rotor erzeugten x-Feldes die der positiven x-Achse ist.

Werden jetzt die Felder und die im Anker erzeugten E.M.K.K. und Ströme in einem Vektorendiagramm in rechtwinkligen n- und m-Koordinaten aufgetragen (die n-Achse

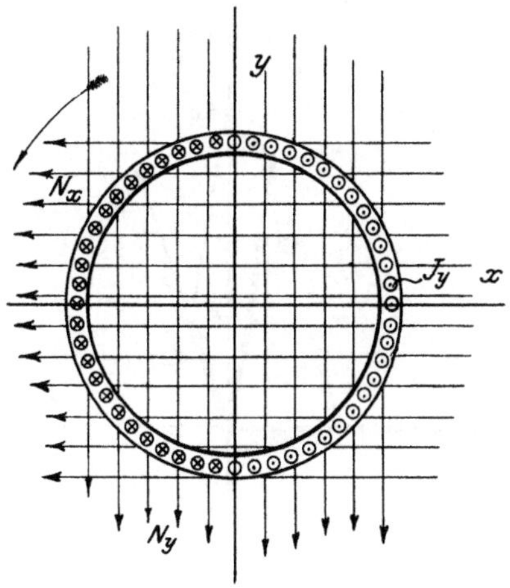

Fig. 2.

steht zeitlich senkrecht zur m-Achse), so bekommen wir folgendes Bild (Fig. 3). Der resultierende Kraftlinienfluß N_x in der x-Richtung mag als räumlich homogen und zeitlich sinusförmig nach der Gleichung

$$N_x = N_{x\,max} \sin \omega t$$

angenommen werden. Der Vektor N_x dieses Kraftflusses ist in Fig. 3 in Richtung der negativen n-Achse aufgetragen. Die in den x-Windungen des Rotors durch ruhende Induktion vom Felde N_x erzeugte E.M.K. E_{x_1} eilt ihm um 90^0 nach und fällt somit in die positive m-Richtung, wenn die Drehrichtung der Vektoren gegen Uhrzeigerrichtung angenommen wird. Die in den y-Windungen durch Rotation im x-Felde induzierte E.M.K. ist, wie jede durch dynamische Induktion (reines Kraftlinienschneiden) erzeugte E.M.K. in Phase mit dem Felde, in welchem die Windung rotiert, und ist bestrebt, ein Magnetfeld zu bilden, welches räumlich 90° im positiven Drehsinne des Rotors verschoben ist (Fig. 2). Diese, also in den y-Windungen wirkende E.M.K. E_y stimmt nach obigem zeitlich mit N_x überein und fällt somit in die negative n-Richtung. Die durch E_y hervorgerufene Stromstärke J_y muß gegen ihre E.M.K. eine bedeutende Phasenverspätung besitzen, denn der Widerstand der y-Windungen ist klein und der Kraftlinienweg vom Rotor durch den unbe-

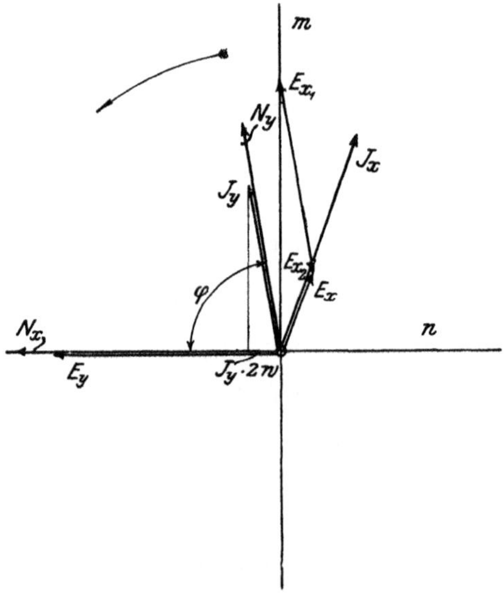

Fig. 3.

wickelten Teil des Statoreisens ohne Dämpfung oder Gegen-M.M.K.K., also fällt J_y beinahe in Richtung der positiven m-Achse, so daß der Winkel φ fast 90° wird. Die durch J_y erzeugten Kraftlinien N_y bilden folglich ein räumlich um 90° und zeitlich um φ^0 oder fast 90° gegen N_x verschobenes Feld[1]).

[1]) Daß dieses Feld zeitlich um φ^0 gegen N_x zurückbleibt, bedeutet also: Wenn N_x in einem gewissen Moment ein Maximum von Kraftlinien enthält, welche in den Rotor getrieben werden, muß N_y an einem Punkte des Rotorumfanges, welcher räumlich 90 positive Grad verschoben liegt, nach φ Zeitgraden auch ein Maximum in den Rotor dringender Kraftlinien aufweisen.

Diese Kraftlinien N_y wirken selbstverständlich wieder induzierend, erstens durch ruhende Induktion, wobei sie in den y-Windungen einen gegen die E.M.K. E_y um 90^0 verschobene E.M.K. erzeugen. Diese ist die sogenannte Selbstinduktions-E.M.K. (Induktanz) der y-Windungen und ist also schon dadurch berücksichtigt, daß J_y um φ^0 gegen E_y verschoben gezeichnet worden ist.

Zweitens induziert N_y in den Stäben des Rotors, wenn sie das Feld während der Drehung schneiden, eine E.M.K., die (analog E.M.K. E_y) in Phase mit N_y sein muß, aber ein Feld zu erzeugen sucht, welches 90^0 räumlich im positiven

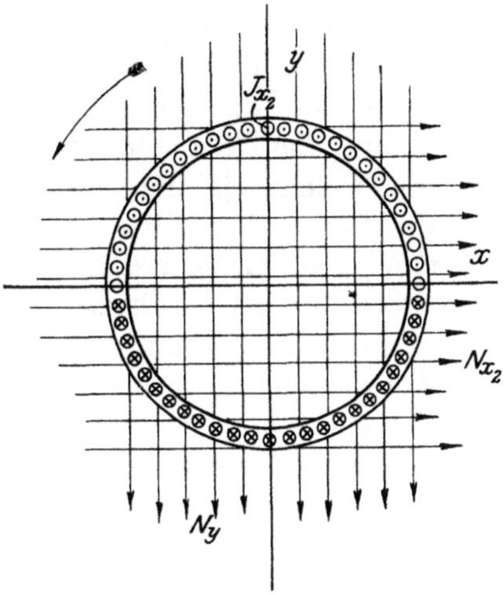

Fig. 4.

Drehsinne versetzt ist (Fig. 4), also in Richtung der positiven x-Achse fällt. Diese E.M.K. ist somit als in den x-Windungen wirkend zu betrachten und mag mit E_{x_2} bezeichnet werden. Sie würde bei einem Zeitpunkt, welcher nahezu 90 Zeitgrade nach einem Maximum von N_x liegt, ein maximales Feld N_{x_2} in einer dem Felde N_x entgegengesetzten Richtung zu treiben suchen, eilt somit N_x um etwas mehr als 90^0 zeitlich voraus und muß folglich im Diagramm parallel zu N_y, aber entgegengesetzt gerichtet eingetragen werden.

Stellen wir jetzt die E.M.K.K. und die dazu gehörenden Felder zusammen, so erhalten wir folgende Übersicht:

Bei einem Maximum von N_x ist die positive Kraftlinienrichtung z. B. die der negativen x-Achse.

90 Zeitgrade nach diesem Maximum von N_x hat E_{x_1} ein Maximum und würde durch ihren Strom Kraftlinien in Richtung der negativen x-Achse treiben.

φ Zeitgrade nach demselben Maximum von N_x hat E_{x_2} ein Maximum und würde dabei Kraftlinien in der positiven x-Richtung treiben.

Gleichzeitig mit N_x hat E_y ihr Maximum und treibt ein Kraftlinienfeld mit φ^0 Phasenverschiebung gegen E_y, in Richtung der negativen y-Achse.

Sämtliche Größen, welche die Vorgänge im Rotor bestimmen, haben wir jetzt qualitativ festgelegt, wenn wir noch berücksichtigen, daß die resultierende Stromstärke J_x der x-Windungen in Phase ist mit der resultierenden E.M.K. E_x aus E_{x_1} und E_{x_2}, denn die Streuung (Selbstinduktion) ist schon im Felde N_x einbegriffen, welches ja den gesamten Magnetismus in der x-Richtung des Rotors darstellt.

Für die folgende quantitative Bestimmung der E.M.K.K. wollen wir uns den Rotor als stillstehend denken. Es ändert dies nichts an den Resultaten, denn da die Rotorwicklung symmetrisch ist und aus vielen Stäben besteht, brauchen wir nur die durch die verschiedenen Arten Induktion entstandenen hier oben gefundenen E.M.K.K. in der feststehenden Wicklung wirkend zu denken, um die tatsächlich auftretenden Felder und Ströme zu erhalten.

Indessen wollen wir zuerst ein- für allemal untersuchen, wie groß die E.M.K.K., M.M.K.K. und Widerstände einer solchen Kurzschlußwicklung ganz allgemein sind.

Steht die Wicklung in einem homogenen, zeitlich sinusoidal verlaufenden Wechselfelde N (siehe Fig. 5), so werden in den Stäben E.M.K.K. erzeugt, welche dem Sinus des Winkels α proportional sind und in einer gleichmäßig verteilten Wicklung in 2 einander diametral gegenüberstehenden Stäben gleich groß, aber entgegengesetzt gerichtet sind. Wir denken uns diese 2 Stäbe zu einer Windung zusammengefaßt, deren Stirnverbindungen also durch die Kurzschlußringe hergestellt werden. Ob der Strom der Stäbe wirklich durch die Kurzschlußringe fließt, ist ganz ohne Belang für die Wirkung desselben, solange nur der Kurzschlußwiderstand als relativ klein angenommen werden kann. Der Widerstand einer solchen Windung mag 2 w Ohm betragen und ist gleich dem doppelten Stabwiderstand, wenn die letztgenannte Annahme zutrifft.

Die in dieser Windung vom Felde N induzierte E.M.K. ist allgemein:

$$E = 4\,\nu \cdot \frac{N_{max}}{\sqrt{2}} \cdot \frac{\pi}{2} \cdot 10^{-8} \cdot \sin\alpha \text{ Volt};$$

wo ν die sekundliche Periodenzahl des Wechselfeldes bedeutet.

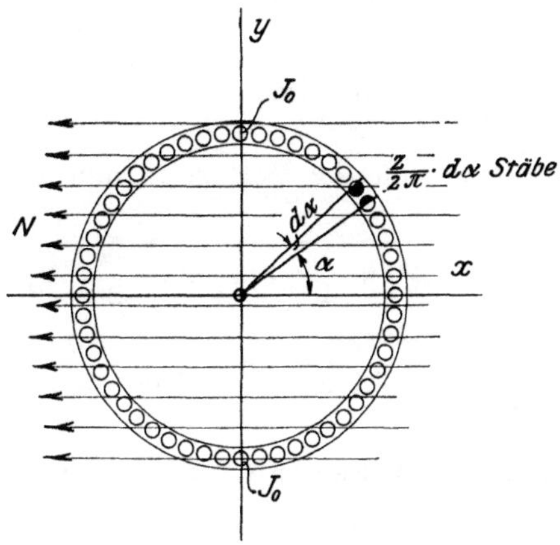

Fig. 5.

Wenn r Ohm der scheinbare Widerstand einer Windung ist, so folgt die Stromstärke

$$J = 4\,\nu \cdot \frac{N_{max}}{\sqrt{2}} \cdot \frac{\pi}{2} \cdot 10^{-8} \frac{\sin\alpha}{r} \text{ Ampere},$$

wo r als von α unabhängig betrachtet werden kann.

Für $\alpha = 90^0$ und 270^0 ist

$$E = E_0 = 4\,\nu \cdot \frac{N_{max}}{\sqrt{2}} \cdot \frac{\pi}{2} \cdot 10^{-8} \text{ Volt} \quad \ldots\ldots \quad 1)$$

und

$$J = J_0 = 4\,\nu \cdot \frac{N_{max}}{\sqrt{2}} \cdot \frac{\pi}{2} \cdot 10^{-8} \cdot \frac{1}{r} \text{ Amp.} \quad \ldots\ldots \quad 2)$$

Die Rotoramperewindungzahl AW_f in der Feldrichtung ist, wenn die Zahl der Stäbe groß ist:

$$A\,W_f = \int_0^{\pi} \frac{z}{2\pi} \cdot d\alpha \cdot J_0 \cdot \sin\alpha \cdot \sin\alpha$$

$$= \frac{z}{2\pi} \cdot J_0 \int_0^{\pi} \sin^2\alpha \cdot d\alpha$$

$$= \frac{z}{2\pi} \cdot J_0 \left[\Big|_0^{\pi} - \frac{1}{4} \cdot \sin 2\alpha + \Big|_0^{\pi} \frac{1}{2} \cdot \alpha \right]$$

$$= \frac{z}{4} \cdot J_0 \text{ Amp. Wind} \quad \dots\dots\dots\dots\dots \quad 3)$$

Der gesamte Ohmsche Verlust in den z Stäben ist:

$$Q = \int_0^{2\pi} (J_0 \sin\alpha)^2 \cdot w \cdot \frac{z}{2\pi} \cdot d\alpha = w \cdot \frac{z}{2\pi} \cdot J_0^2 \int_0^{2\pi} \sin^2\alpha \cdot d\alpha$$

$$= w \cdot \frac{z}{2} J_0^2 = J_0^2 \cdot 2\,w \cdot \frac{z}{4} \text{ Watt} \quad \dots\dots\dots\dots \quad 4)$$

Eine solche Wicklung verhält sich demnach so, als ob sie bestehen würde aus $\frac{z}{4}$ gegen die Feldrichtung senkrecht stehender Windungen von je 2 w Ohm Widerstand, und welche von einer effektiven Stromstärke J_0 Ampere durchflossen sind.

Hiermit sind die magnetischen und elektrischen Eigenschaften unserer als feststehend gedachten Kurzschlußwicklung bestimmt, denn es ist ohne weiteres klar, daß die resultierenden Amperewindungen und die Ohmschen Verluste auch bei den durch Rotation hervorgerufenen Strömen demselben Gesetze folgen, da die Stromverteilung dieselbe bleibt wie bei der Induktion der Ruhe.

Da aber jetzt A W und Q in einfacher Beziehung zu E_0 (und J_0) stehen, so wollen wir im folgenden unter E.M.K. E_x u. s. w. immer die E.M.K. in der senkrecht zur Feldrichtung stehenden Windung, also die maximale effektive E.M.K.

der betreffenden Wicklung verstehen, d. h. die, welche in Übereinstimmung mit der vorher angewendeten Bezeichnung (Gleichung 1)) eigentlich E_{x_0} genannt werden sollte.

Wir gehen jetzt, nachdem wir die absoluten Werte der E.M.K.K. bezogen auf die Feldstärke festgestellt haben, dazu über, die relativen Größen derselben zu bestimmen.

Die durch Induktion der Ruhe in den x-Windungen erzeugte E.M.K. hatten wir E_{x_1} genannt. Der Momentanwert derselben ist

$$e_{x_1} = -K \cdot \frac{d\,N_x}{dt}$$

oder da

$$N_x = N_{x\,max} \sin \omega t$$

ist,

$$e_{x_1} = -K \cdot \omega \cdot N_{x\,max} \cos \omega t \quad . \; . \; . \; . \quad 5)$$

wo $N_{x\,max}$ wie vorher die maximale Kraftlinienzahl durch den Rotor in der x-Richtung bedeutet.

Durch Rotation in diesem Felde entsteht

$$e_y = K \cdot N_x \cdot U \quad . \; . \; . \; . \; . \; . \; . \; . \; . \; . \quad 6)$$

wo U die Winkelgeschwindigkeit des Rotors ist. Wird jetzt

$$U = (1 - \sigma) \cdot \omega$$

gesetzt, so kann σ als das relative Zurückbleiben von U hinter ω, d. h. hinter dem Vektor des Wechselfeldes, betrachtet und als Schlüpfung des Rotors definiert werden. Wenn $\sigma = 0$ ist, sagt man, daß der Rotor „synchron“ läuft.

Aus 6) bekommen wir nun:

$$e_y = K \cdot N_{x\,max} \sin \omega t \cdot \omega \cdot (1 - \sigma)$$

und aus 5):

$$e_{x_1} = -K \cdot N_{x\,max} \cos \omega t \cdot \omega.$$

Wie wir schon gefunden haben, stehen diese 2 E.M.K.K. also aufeinander senkrecht, und es besteht zwischen ihren Effektivwerten E_{x_1} und E_y die Beziehung:

$$E_y = (1 - \sigma) E_{x_1} \quad . \; . \; . \; . \; . \; . \; . \; . \; . \; . \quad 7)$$

Unter vorläufiger Vernachlässigung der Eisenverluste im Rotor finden wir die Wattkomponente von E_y (Fig. 3)

$$E_y \cos\varphi = J_y \cdot 2\,w$$

oder

$$J_y = \frac{E_y}{2\,w} \cdot \cos\varphi$$

und aus 7)

$$J_y = \frac{1}{2\,w} \cdot E_{x_1} \cdot (1-\sigma) \cdot \cos\varphi \quad \ldots \ldots \quad 8)$$

Sehen wir schließlich von der allenfalls unbeträchtlichen Streuung des von den y-Windungen erzeugten Feldes N_y ab, so ist, da die gesamte E.M.K. der Selbstinduktion der y-Windungen $= E_y \sin\varphi$

$$e_y \sin\varphi = -K \frac{dN_y}{dt}.$$

Andererseits aber nach Gleichung 5)

$$e_{x_1} = -K \frac{dN_x}{dt},$$

woraus, da N_x und N_y ja dieselbe Periodenzahl haben:

$$\frac{E_y}{E_{x_1}} \sin\varphi = \frac{N_{y\,max}}{N_{x\,max}} \therefore$$

$\therefore$ 7)

$$\frac{E_{x_1}(1-\sigma)\sin\varphi}{E_{x_1}} = \frac{N_{y\,max}}{N_{x\,max}} \therefore$$

$$\therefore N_{y\,max} = N_{x\,max}(1-\sigma)\sin\varphi \quad \ldots \ldots \quad 9)$$

Es erübrigt sich jetzt noch nur eine E.M.K., nämlich E_{x_2} der Größe nach zu bestimmen. Dieselbe wird durch Rotation der x-Windungen im Felde N_y genau so erzeugt, wie E_y im Felde N_x, und wir erhalten somit ohne weiteres

$$\frac{E_{x_2}}{E_y} = \frac{N_{y\,max}}{N_{x\,max}} \therefore$$

$\therefore$ aus 9)

$$\frac{E_{x_2}}{E_y} = (1-\sigma)\sin\varphi$$

oder aus 7)

$$E_{x_2} = E_{x_1}(1-\sigma)^2 \sin\varphi \quad \ldots \ldots \quad 10)$$

Alle wichtigen Größen des Motors finden sich mit Hilfe dieser Beziehungen 1) bis 10) in einfacher Weise. Wir haben schon gesehen, daß das mittlere Drehmoment gleich 0 ist, solange der Rotor sich nicht dreht, denn es sind dann nur die x-Ströme J_{x_1} und das x-Feld N_x vorhanden, welche gemeinschaftliche Achse haben.

Beim Laufen des Motors kommt einerseits die gegenseitige Wirkung zwischen x-Feld und y-Strömen, andererseits zwischen y-Feld und x-Strömen in Betracht.

Die erstgenannte Wirkung ist, wie aus Fig. 2 ersichtlich, eine bremsende, d. h. das Drehmoment

$$d_1 = c \cdot N_{x\,max} J_y \cdot \cos \varphi$$

ist ein rechtsdrehendes. Es wird graphisch dargestellt durch die Fläche eines Parallelogramms über den um 90° in positivem Sinne gedrehten Vektor J_y und den Vektor N_x (Fig. 6), denn diese Fläche ist ja proportional $N_{x\,max} \cdot J_y \cdot \cos \varphi$.

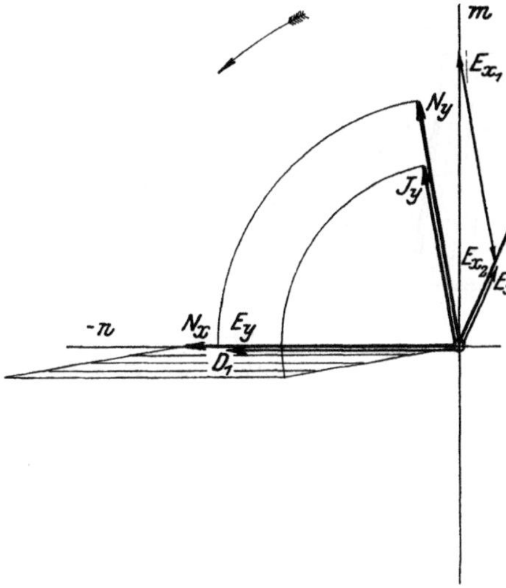

Fig. 6.

Die feststehende y-Wicklung wirkt ja, als ob sie aus $\frac{z}{4}$ Windungen $\left(\frac{z}{4} \cdot 2 \text{ Drähte}\right)$ vom Strome J_y durchflossen bestehen würde. Das negative Drehmoment D_1 ist folglich:

$$D_1 = -\frac{z}{4} \cdot 2 \cdot J_y \cdot 10^{-1} \cdot \frac{B_{x\,max}}{\sqrt{2}} \cdot L \cdot R \cdot \cos \varphi \text{ dyne} \times \text{cm},$$

wo L cm Rotorlänge und R cm Rotorhalbmesser bezeichnen.

Jetzt ist aber

$$\frac{N_{x\,max}}{\sqrt{2}} = 2\,R \cdot L\,\frac{B_{x\,max}}{\sqrt{2}}$$

und folglich

$$D_1 = -\frac{z}{4} \cdot J_y \cdot \frac{N_{x\,max}}{\sqrt{2}} \cdot \cos\varphi \cdot 10^{-1}\ \text{dyne} \times \text{cm} \quad . \quad . \quad 11')$$

und die entsprechende Leistung demnach:

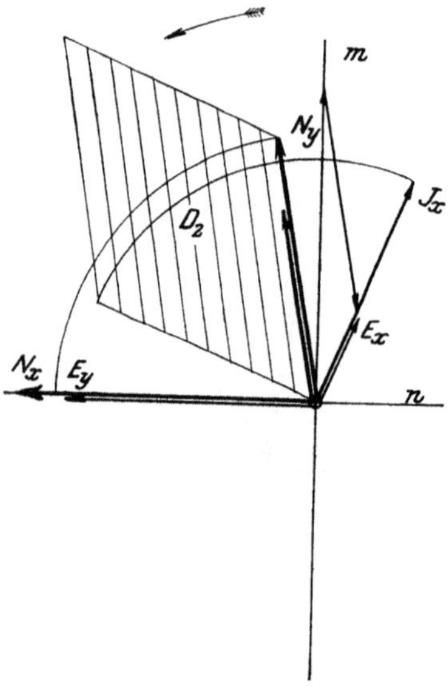

Fig. 7.

$$A_{d_1} = -\omega\,(1-\sigma) \cdot \frac{z}{4} \cdot J_y \cdot$$

$$\cdot \frac{N_{x\,max}}{\sqrt{2}} \cos\varphi \cdot 10^{-1}\ \frac{\text{dyne cm}}{\text{sek}}$$

$$= -\omega\,(1-\sigma) \cdot \frac{z}{4} \cdot J_y \cdot$$

$$\cdot \frac{N_{x\,max}}{\sqrt{2}} \cos\varphi\ 10^{-8}\ \text{Watt}.$$

Wird jetzt die Kraftlinienzahl in Einheiten von 100000000 ausgedrückt, so ist sie gleich

$$N_{o\,x} = N_{x\,max} \cdot 10^{-8}$$

und

$$D_1 = -\frac{z}{4} \cdot J_y \cdot \frac{N_{o\,x}}{\sqrt{2}} \cos\varphi\,^{1})$$

oder nach 8)

$$D_1 = -\frac{1}{2\,w} \cdot \frac{z}{4} \cdot E_{x_1} \cdot \frac{N_{o\,x}}{\sqrt{2}} (1-\sigma) \cos^2\varphi$$

$$= -\frac{z}{4} \cdot (1-\sigma)\,\frac{E_{x_1}}{2\,w} \cdot \frac{N_{o\,x}}{\sqrt{2}} \cos^2\varphi \quad . \quad . \quad . \quad . \quad . \quad 11'')$$

---

[1]) D_1 ist also hier in einem solchen Maß ausgedrückt, daß die entsprechende Leistung in Watt durch Multiplizieren mit der Winkelgeschwindigkeit erhalten wird (Einheiten von 10^7 dyne cm).

Ein positives Drehmoment D_2 ergibt aber die Einwirkung des y-Feldes auf die x-Ströme. D_2 wird dargestellt durch die Fläche des Parallelogramms über den um 90^0 gedrehten Vektor J_x und den Vektor N_y (Fig. 7) und ist, analog mit D_1:

$$D_2 = \frac{z}{4} \cdot J_x \cdot \frac{N_{0\,y}}{\sqrt{2}} \cdot \cos(J_x, N_y) \quad . \quad . \quad . \quad . \quad . \quad 11''')$$

Wie wir schon bei Aufstellung des ersten Diagrammes bemerkten, ist J_x in Phase mit der resultierenden E.M.K. E_x aus E_{x_1} und E_{x_2}. Folglich ist

$$J_x = \frac{E_x}{2\,w} \quad . \quad . \quad . \quad . \quad . \quad . \quad . \quad . \quad . \quad . \quad . \quad 12)$$

Aus dem Diagramm (Fig. 3) ergibt sich aber:

$$E_x^2 = E_{x_1}^2 + E_{x_2}^2 - 2\,E_{x_1}\,E_{x_2}\sin\varphi,$$

denn der Vektor E_{x_2} ist parallel mit J_y.

Nach 10) ist:

$$E_{x_2} = E_{x_1}(1-\sigma)^2 \sin\varphi,$$

also

$$E_x = E_{x_1}\sqrt{1 + (1-\sigma)^4 \sin^2\varphi - 2\,(1-\sigma)^2 \sin^2\varphi}.$$

Aus dem Diagramm (Fig. 3) erhalten wir weiter:

$$\cos(J_x, N_y) = \frac{E_{x_1}^2 - E_{x_2}^2 - E_x^2}{2\,E_x\,E_{x_2}},$$

woraus schließlich unter Berücksichtigung der Beziehungen 9) und 10):

$$D_2 = \frac{z}{4} \cdot \frac{1}{2\,w} \cdot \frac{N_{0\,x}}{\sqrt{2}}(1-\sigma)\sin\varphi \cdot \frac{E_x}{E_x} \cdot \frac{E_{x_1}^2 - E_{x_2}^2 - E_x^2}{2\,E_{x_2}} =$$

$$= \frac{z}{4} \cdot \frac{1}{2\,w} \cdot \frac{N_{0\,x}}{\sqrt{2}} \cdot (1-\sigma)\sin\varphi \cdot \frac{E_{x_1}^2 - E_{x_1}^2(1-\sigma)^4\sin^2\varphi - E_{x_1}^2[1 + (1-\sigma)^4\sin^2\varphi - 2(1-\sigma)^2\sin^2\varphi]}{2\,E_{x_1}(1-\sigma)^2\sin\varphi}$$

$$= \frac{z}{4} \cdot \frac{1}{2\,w} \cdot \frac{N_{0\,x}}{\sqrt{2}}(1-\sigma) \cdot \sin^2\varphi \cdot [E_{x_1} - E_{x_1}(1-\sigma)^2]$$

$$= \frac{z}{4}(1-\sigma) \cdot \frac{N_{0\,x}}{\sqrt{2}} \cdot \frac{1}{2\,w} \cdot E_{x_1}[1-(1-\sigma)^2]\sin^2\varphi \quad . \quad . \quad 13)$$

Das gesamte mittlere Drehmoment D am Rotor ist folglich:

$$D = D_1 + D_2 = -\frac{z}{4}\cdot(1-\sigma)\cdot\frac{N_0 x}{\sqrt{2}}\cdot\frac{E_{x_1}}{2w}\left\{\cos^2\varphi - [1-(1-\sigma)^2]\sin^2\varphi\right\}$$

$$= -\frac{z}{4}(1-\sigma)\frac{N_0 x}{\sqrt{2}}\cdot\frac{E_{x_1}}{2w}[\cos 2\varphi + (1-\sigma)^2\sin^2\varphi] \quad . \quad 14')$$

oder da nach Gleichung 1)

$$E_{x_1} = 4\nu\cdot\frac{N_0 x}{\sqrt{2}}\cdot\frac{\pi}{2}\ \text{Volt},$$

und wenn angenommen wird, daß φ^0 so nahe an 90^0 liegt, daß $\sin\varphi = 1$ und $\cos 2\varphi = -1$ gesetzt werden können:

$$D \cong -\frac{z}{4}\cdot(1-\sigma)\cdot\left(\frac{N_0 x}{\sqrt{2}}\right)^2\cdot 4\nu\cdot\frac{\pi}{2}\cdot\frac{1}{2w}[-1-(1-\sigma)^2]$$

$$= \frac{z}{4}\cdot 2\pi\nu\cdot(1-\sigma)\cdot\left(\frac{N_0 x}{\sqrt{2}}\right)^2\cdot\frac{1}{2w}[1-(1-\sigma)^2] \quad . \quad . \quad 14'')$$

Die von der Rotorwicklung auf den Ankerkörper übertragene Leistung A_d ist gleich Winkelgeschwindigkeit mal Drehmoment $D\,.\,(1-\sigma)\,\omega$ Watt und ist demnach:

$$A_d = 2\pi\nu\cdot(1-\sigma)\cdot D$$

$$\cong \frac{z}{4}\cdot(2\pi\nu)^2\cdot(1-\sigma)^2\cdot\left(\frac{N_0 x}{\sqrt{2}}\right)^2\cdot\frac{1}{2w}[2\sigma-\sigma^2]\ \text{Watt} \quad . \quad 15)$$

Diese Leistung ist gleich der Nutzleistung des Motors plus Reibungsverluste des Rotors.

Um die Verluste durch Joulesche Wärme in der Kurzschlußwicklung zu finden, brauchen wir nur zu berücksichtigen, daß die in einer Windung von 2 gegeneinander um 90 Zeitgrade versetzten Feldern induzierten E.M.K.K. sich so verhalten, als ob ihre Ströme sich nicht beeinflußten. Es ist somit die Stromstärke in den als feststehend gedachten x-Windungen unabhängig vom Strome in den y-Windungen und da nach 4) die Ohmschen Verluste in einer Kurzschlußwicklung allgemein gleich

$$Q = J^2\cdot 2w\cdot\frac{z}{4}\ \text{Watt}$$

sind, so werden die Gesamtverluste in den Ankerstäben hier:

$$A_w = \frac{z}{4}\cdot 2w\cdot(J_x^2 + J_y^2)$$

oder nach 12) und 8)

$$A_w = \frac{z}{4} \cdot 2\,w \left[\left(\frac{E_x}{2\,w}\right)^2 + \left(\frac{E_{x_1}(1-\sigma)\cos\varphi}{2\,w}\right)^2\right]$$

$$= \frac{z}{4} \cdot \frac{E_{x_1}{}^2 + E_{x_2}{}^2 - 2\,E_{x_1}\,E_{x_2}\sin\varphi + E_{x_1}{}^2(1-\sigma)^2\cos^2\varphi}{2\,w}$$

$$= \frac{z}{4} \cdot \frac{E_{x_1}{}^2\,[1 + (1-\sigma)^4\sin^2\varphi - 2\,(1-\sigma)^2\sin^2\varphi + (1-\sigma)^2 - (1-\sigma)^2\sin^2\varphi]}{2\,w}$$

$$= \frac{z}{4} \cdot \frac{E_{x_1}{}^2}{2\,w}\,[1 + (1-\sigma)^4\sin^2\varphi + (1-\sigma)^2(1 - 2\sin^2\varphi) - (1-\sigma)^2\sin^2\varphi]$$

$$= \frac{z}{4} \cdot (2\,\pi\,\nu)^2 \cdot \left(\frac{N_0\,x}{\sqrt{2}}\right)^2 \cdot \frac{1}{2\,w}\left\{1 + (1-\sigma)^2\,[(1-\sigma)^2\sin^2\varphi + \cos 2\varphi] - (1-\sigma)^2\sin^2\varphi\right\} \text{ Watt} \quad 16')$$

oder angenähert:

$$A_w \cong \frac{z}{4} \cdot \frac{(2\,\pi\,\nu)^2}{2\,w} \cdot \left(\frac{N_0\,x}{\sqrt{2}}\right)^2 [1 - (1-\sigma)^2 + (1-\sigma)^4 - (1-\sigma)^2]$$

$$= \frac{z}{4} \cdot \frac{(2\,\pi\,\nu)^2}{2\,w} \cdot \left(\frac{N_0\,x}{\sqrt{2}}\right)^2 [1 - (1-\sigma)^2]^2$$

$$= \frac{z}{4} \cdot (2\,\pi\,\nu)^2 \cdot \left(\frac{N_0\,x}{\sqrt{2}}\right)^2 \cdot \frac{1}{2\,w}(2\,\sigma - \sigma^2)^2 \text{ Watt} \quad .\;.\;.\;.\;.\; 16'')$$

Die gesamte auf den Anker vom Stator übertragene Leistung ist (abzüglich der Eisenverluste im Rotor) gleich

$$A = A_d + A_w \text{ Watt,}$$

oder nach 14′) und 16′)

$$A = -\frac{z}{4} \cdot (1-\sigma)^2 \cdot \frac{N_0\,x}{\sqrt{2}} \cdot \left(\frac{4\,\pi\,\nu}{2}\right)^2 \cdot \frac{N_0\,x}{\sqrt{2}} \cdot \frac{1}{2\,w}\,[(1-\sigma)^2\sin^2\varphi + \cos 2\,\varphi] +$$

$$+ \frac{z}{4} \cdot \left(\frac{4\,\pi\,\nu}{2}\right)^2 \cdot \left(\frac{N_0\,x}{\sqrt{2}}\right)^2 \cdot \frac{1}{2\,w}\left\{(1-\sigma)^2\,[(1-\sigma)^2\sin^2\varphi + \cos 2\,\varphi] + 1 - (1-\sigma)^2\sin^2\varphi\right\}$$

$$= \frac{z}{4} \cdot (2\,\pi\,\nu)^2 \cdot \left(\frac{N_0\,x}{\sqrt{2}}\right)^2 \cdot \frac{1}{2\,w}\,[1 - (1-\sigma)^2\sin^2\varphi] \quad .\;.\;.\;.\;.\;.\;.\;.\;.\;.\; 17')$$

und angenähert

$$A \cong \frac{z}{4} \cdot (2\,\pi\,\nu)^2 \cdot \left(\frac{N_0\,x}{\sqrt{2}}\right) \cdot \frac{1}{2\,w} \cdot (2\,\sigma - \sigma^2) \text{ Watt} \quad .\;.\; 17'')$$

Wir kennen jetzt somit alle Größen, welche die allgemeinen Betriebseigenschaften des Einphasen-Asynchronmotors bestimmen, und können, wenn wir für den primären Teil desselben das gewöhnliche Transformatordiagramm in Anwendung bringen, sein Verhalten bei jeder beliebigen Belastung bestimmen[1]).

[1]) Der Vollständigkeit halber ist das komplette Diagramm (primär und sekundär) in Fig. 8 zusammengestellt. Vom resultierenden Magnetismus N_x (= O A) im Anker ausgehend, bekommen wir sekundär die schon in Fig. 3 zusammengestellten Größen.

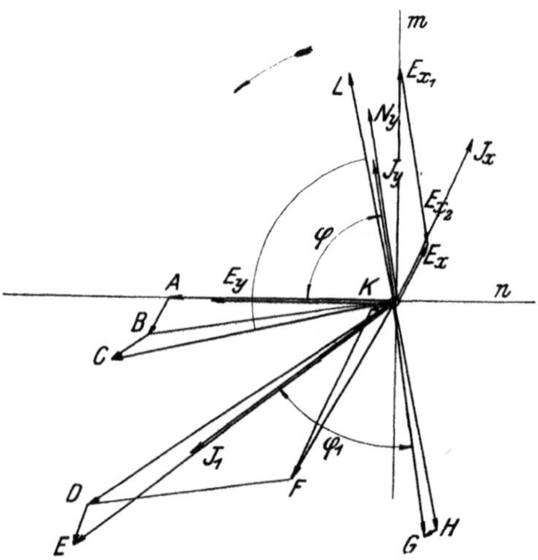

Fig. 8.

Um Strom und Spannung primär zu finden, ziehen wir: O K = M.M.K. zur Magnetisierung des Rotoreisens, K F // und ≡ J_x ist M.M.K. der x-Ströme, A B // und ≡ O F ist sekundäre Streuung, O B = Kraftlinienzahl im Luftraume wird durch die M.M.K. F D // O B erzeugt. O D, die magnetische Potentialdifferenz am Luftspalt, ruft die primäre Streuung B C // und ≡ O D hervor. Primärer Magnetismus = O C. M.M.K. für das Statoreisen ist D E ∵ O E = primären Amperewindungen. Längs O E fällt die primäre Stromstärke J_1. Senkrecht zur O C steht O L = primärer E.M.K. Wenn O H = — O L und H G = Ohmscher Spannungsabfall primär, so ist O G = aufgedrückter Primärspannung. φ_1 = primärer Phasenverschiebung.

Eine nähere Untersuchung des Diagrammes ist, als zur Lösung unserer Aufgabe nicht nötig, hier vermieden.

Untersuchung der Betriebseigenschaften des Asynchron-Motors.

1. Anlauf. Aus Gleichung 14'') ergibt sich für $\sigma = 1$ ein Wert $D = 0$, also die Tatsache, daß, wie wir schon ohne Rechnung erkannten, das Drehmoment des Motors bei Stillstand gleich 0 ist. Weshalb er dabei auch große Admittanz besitzt, hatten wir auch erläutert.

Es ist in der Tat dies Verhalten beim Anlauf, welches den größten Übelstand bei Betrieb mit solchen Motoren bildet und sogar seinerzeit die Herren Hutin & Leblanc, welche gleichzeitig mit Thomson Versuche in derselben Richtung anstellten, veranlaßte, den Motor als für die Praxis unbrauchbar hinzustellen, „da zum Antreiben desselben noch ein zweiter Motor nötig wäre".

Bei Motoren für kleine Leistungen kann man sich durch mechanisches Andrehen (z. B. mit Hand- oder Federkraft) behelfen, aber schon bei Motoren für etwa 2 PS. ist dieses Mittel unbequem, weil das Drehmoment (siehe Gleichung 14)) schnell mit zunehmender Schlüpfung abnimmt, und somit eine Geschwindigkeit, welche sich der synchronen nähert, nötig ist, um den Motor unter auch nur schwacher Belastung „in den Tritt" zu bringen. Außerdem ist damit zu rechnen, daß das Anlassen eines elektrischen Motors immer in einfacher Weise vor sich gehen muß, wenn der Motor in der Praxis Verwendung finden soll, weil man daran gewöhnt ist, daß die meisten elektrischen Motore ohne Benutzung besonderer Antriebsvorrichtungen von selbst angehen.

Wir müssen von vornherein alle solche mechanischen Anlaufsvorrichtungen für ungeeignet erklären, denn aus dem eben erwähnten Grunde wird man sich in der Praxis mit diesen relativ unbequemen Anlaufsanordnungen nur ungern abfinden wollen.

2. Lauf. Ist der Motor in Gang, so stellt sich die Tourenzahl (die Schlüpfung) selbstverständlich so ein, daß sie dem Drehmoment der Belastung entspricht, und zwar ist die Umdrehungzahl bei absolutem Leerlauf etwas unter synchron.

Nach Gleichung 14') ist nämlich $D = 0$ für

$$(1 - \sigma)\,[\cos 2\varphi + (1 - \sigma)^2 \sin^2 \varphi] = 0,$$

das heißt

a) wenn $1 - \sigma = 0 \because \sigma = 1$, oder bei Stillstand, also in dem Falle, den wir eben besprochen haben,

b) wenn

$$\cos 2\varphi + (1 - \sigma)^2 \sin^2 \varphi = 0$$

$$\because (1 - \sigma)^2 = - \frac{\cos 2\varphi}{\sin^2 \varphi}$$

$$\because \sigma_0 = 1 - \sqrt{- \frac{\cos 2\varphi}{\sin^2 \varphi}}.$$

Die Abweichung vom Synchronismus kommt hier wie ersichtlich daher, daß φ nicht ganz 90° beträgt[1]), d. h. daher,

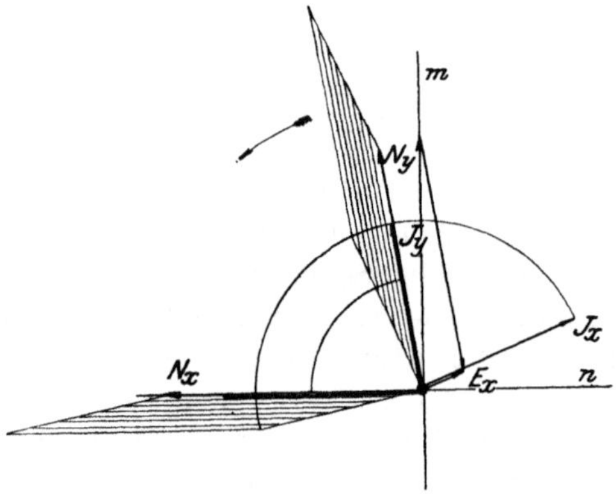

Fig. 9.

daß die Erzeugung des Querfeldes auch bei absolutem Leerlauf nicht ohne Energieverluste vor sich geht. Diese Verluste sind, wenn wir auch jetzt von den Eisenverlusten absehen, aus Gleichung 16') zu erhalten und sind:

$$A_{w_0} = \frac{z}{4} \cdot \frac{E_{x_1}^2}{2\,w} \left[1 + \frac{\cos^2 \varphi}{\sin^2 \varphi} \cdot \sin^2 \varphi\right] = \frac{z}{4} \cdot \frac{E_{x_1}^2}{2\,w} \cdot 2 \cos^2 \varphi$$

$$= 2 \cdot \frac{z}{4} \cdot J_{y_0}^2 \cdot 2\,w \text{ Watt.}$$

1) Wenn φ z. B. 80° wäre, so hätte σ_0 den Wert 0,012.

Bei absolutem Leerlauf sind die Ströme J_x und J_y folglich gleich groß. Für diesen Belastungsfall bekommen wir das Diagramm Fig. 9. Wäre $\varphi = 90^0$, so würden sie beide gleich 0 sein, und der Anker würde synchron mit einem homogenen Drehfelde rotieren und allen Induktionserscheinungen entzogen sein. (Bei $\varphi = 85^0$ beträgt z. B. E_{x_0} nur 0,07 E_{x_1} Volt.)

Würde durch äußeren Antrieb die Geschwindigkeit des Rotors noch vergrößert, so würde E_{x_2} größer werden und J_x immer mehr in der Phase gegen E_{x_1} zurückbleiben. Wenn $\sigma = 0$, d. h. bei synchronem Antrieb des Rotors, ist das Drehmoment 14') D:

$$D_s = -\frac{z}{4} \cdot \frac{N_{ox}}{\sqrt{2}} \cdot \frac{E_{x_1}}{2\,w} (\cos 2\varphi + \sin^2 \varphi)$$

$$= -\frac{z}{4} \cdot \frac{N_{ox}}{\sqrt{2}} \cdot \frac{E_{x_1}}{2\,w} (1 - \sin^2 \varphi)$$

$$= -\frac{z}{4} \cdot \frac{N_{ox}}{\sqrt{2}} \cdot \frac{E_{x_1} \cdot \cos^2 \varphi}{2\,w}$$

und die Leistung

$$A_{ds} = -\frac{4\pi\nu}{2} \cdot \frac{z}{4} \cdot \frac{N_{ox}}{\sqrt{2}} \cdot \frac{E_{x_1}}{2\,w} \cdot \cos^2 \varphi$$

$$= -\frac{z}{4} \cdot 4\nu \cdot \frac{N_{ox}}{\sqrt{2}} \cdot \frac{\pi}{2} \cdot \frac{E_{x_1}}{2\,w} \cdot \cos^2 \varphi$$

$$= -\frac{z}{4} \cdot \frac{E_{x_1}{}^2 \cdot \cos^2 \varphi}{2\,w}$$

oder da nach 8)

$$J_y = \frac{E_{x_1}}{2\,w} \cdot \cos \varphi$$

ist,

$$A_{ds} = -\frac{z}{4} \cdot J_{ys}{}^2 \cdot 2\,w.$$

Bei Synchronismus deckt also die zugeführte mechanische Leistung die Reibungsverluste und die Verluste in den y-Windungen des Rotors.

Die gesamten Kupferverluste im Rotor sind nach 16')

$$A_{ws} = \frac{z}{4} E_{x_1}{}^2 \cdot \frac{1}{2\,w} (1 + \sin^2 \varphi - \sin^2 \varphi + \cos 2\,\varphi)$$

$$= \frac{z}{4} \cdot E_{x_1}{}^2 \cdot \frac{1}{2\,w} \cdot 2 \cos^2 \varphi$$

$$= 2 \cdot \frac{z}{4} \cdot J_{ys}{}^2 \cdot 2\,w.$$

Also sind auch in diesem Falle die Ströme J_x und J_y einander gleich.

Da nach Gleichung 10) für

$$\sigma = 0 \because E_{x_2 s} = E_{x_1 s} \sin \varphi,$$

so steht E_x bei Synchronismus senkrecht auf E_{x_2}, wie aus Fig. 10 ersichtlich, und das positive Drehmoment ist folglich gleich 0. Obwohl J_x hierbei ein Minimum hat, ist nicht, wie öfter behauptet wird, die Ankerstromwärme ein Minimum. Eine Bestimmung vom kleinsten Wert für A_w hat für uns vorläufig kein Interesse.

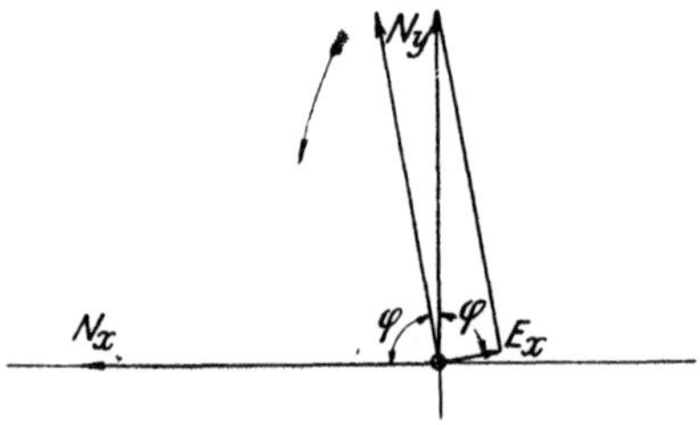

Fig. 10.

Wird die Geschwindigkeit des Rotors noch mehr gesteigert, so wird das vorher positive Drehmoment D_2 negativ und schließlich so groß, daß es der Leistung $\frac{z}{4} . J_x{}^2 . 2\,w$ entspricht. Bei dieser Geschwindigkeit ist der Mittelwert der aus dem magnetischen Kraftfelde N_x genommenen Energie gleich 0 und wird bei noch höherer Umdrehungzahl negativ, d. h. der Motor schickt einen Überschuß an Energie durch die Zuleitung zurück und kann unter Umständen als Generator laufen.

Es wären noch manche interessanten Erscheinungen auf dem Belastungsgebiete oberhalb des Leerlaufes zu besprechen, da dieser Belastungsfall aber selten in Frage kommt und für die Lösung der hier gestellten Aufgabe nicht berücksichtigt zu werden braucht, wollen wir uns der Betrachtung der Eigenschaften des Asynchronmotors als Triebmaschine zuwenden.

Hierbei gestattet die zur Darlegung der Vorgänge im Rotor angewendete Methode einen direkten Vergleich mit dem Mehrphasenmotor. Man braucht nämlich bloß den Winkel φ gleich 90^0 zu setzen und das Feld N_y als konstant und von einer primären Wicklung erzeugt zu denken, um durch ganz analoge Betrachtungen wie hier oben, zur Kenntnis der Betriebseigenschaften des Zweiphasenmotors zu kommen. Dieser kann in diesem Falle als eine Kombination zweier Einphasenmotore aufgefaßt werden. Es scheint dies ein einfacherer und richtigerer Weg zu sein als der entgegengesetzte, den Einphasenmotor als aus zwei Mehrphasenmotoren bestehend zu erklären[1]).

Dadurch, daß wir eine zweite um 90^0 gegen die ursprüngliche versetzte Primärwicklung hinzufügen, entlasten wir aber jene, und wenn die beiden Wicklungen gleich sind, wie bei einem Zweiphasenmotor der Fall, so übernimmt die zweite nicht nur die Erregung des ganzen Feldes N_y (in diesem Falle gleich N_x), sondern muß auch, da dieses Feld ein ebenso großes Drehmoment ausübt wie N_x, gleich große Wattströme führen wie die erste Wicklung. Folglich sind sowohl wattlose wie Wattströme in beiden „Phasen" von gleicher Stärke und $^1/_2$ mal so groß wie die ursprünglichen. Bei gleichem Drehmoment müßte also die primäre Stromstärke des Einphasenmotors doppelt so groß sein als die des Zweiphasenmotors (pro Phase gerechnet), wenn nicht die Streuung (siehe Fig. 8) bei der doppelten Stromstärke auch auf das Doppelte steigen und das Feld $N_y = N_x (1 - \sigma) \sin \varphi$ mit steigender Schlüpfung abnehmen würde.

Denken wir uns umgekehrt einen Zweiphasenmotor in einen Einphasenmotor dadurch verwandelt, daß eine Zuleitung unterbrochen wird, so würde erst bei kleiner Belastung, d. h.

---

[1]) Es ist ohne weiteres einleuchtend, daß die Betriebseigenschaften des Mehrpasenmotors in ganz ähnlicher Weise, wie hier oben für den Einphasenmotor geschehen, abgeleitet werden können.

bei niedriger Streuung und Schlüpfung, die Stromstärke der einen übrig gelassenen Phase doppelt so groß sein als vor dem Abschalten der andern. Hierdurch würde einstweilen kein Nachteil in bezug auf Wirkungsgrad des Motors entstehen, denn der Querschnitt der einen wirksamen Wicklung könnte ja verdoppelt werden, da eben die Kupfermenge der ausgeschalteten Phase (vorläufig von der Notwendigkeit einer Anlaufswicklung abgesehen) gespart wird, und die Eisenverluste im Stator und Rotor bei kleiner Schlüpfung unverändert bleiben. Die Ströme im Rotor, welche ja nahe an Leerlauf nahezu gleich in x- und y-Windungen sind, haben sich zwar verdoppelt, denn ohne Verdoppelung der x-Ströme wäre ja die primäre Admittanz nicht verdoppelt worden, aber die Ohmschen Verluste im Rotor machen bei geringer Belastung so wenig aus, daß sie hier nicht berücksichtigt zu werden brauchen. Die Schlüpfung weicht hierbei auch nicht beträchtlich von der des Zweiphasenmotors ab, ja kann bei Unterbrechung der einen Phase sogar kleiner werden, da nämlich das durch den Kurzschlußanker erzeugte Feld (N_y) fast ideal sinusförmig ist, was nicht mit dem primär erzeugten Felde der Fall ist.

Wird jetzt die Belastung des Motors vergrößert, so treten die zwei schon erwähnten Nachteile des Einphasenmotors: die größere Streuung und die Abnahme des Querfeldes N_y, scharf hervor, indem einerseits die Primärstromstärke, um bei der verdoppelten Streuung das Feld $N_x \cong$ konstant zu halten, schneller ansteigen muß als beim mehrphasigen Motor, andererseits aber, da bei vergrößerter Schlüpfung das Feld N_y abnimmt, die Stromstärke J_x so viel größer werden muß (siehe Fig. 7), daß nicht nur die Größe $J_x . N_y . \cos(J_x, N_y)$, entsprechend dem vergrößerten Drehmomente D_2, sondern auch die Größe $2 . \pi . \nu . (1 - \sigma) D_2$, entsprechend der vergrößerten Leistung, zunimmt, obwohl N_y und $(1 - \sigma)$ abnehmen.

Der Motor arbeitet somit gewissermaßen gegen sich selbst, und die Folgen davon sind: erstens größere Kupferverluste im Rotor, zweitens auch, und hier wirken die zwei erwähnten Hauptschwächen desselben nach derselben Richtung hin, daß der Einphasenmotor verhältnismäßig früher seine maximale Leistung erreicht. Dieselbe ist nach Gleichung 14'):

$$A_d = -\frac{z}{4}\cdot 2\pi\nu\cdot(1-\sigma)^2\,\frac{N_{ox}}{\sqrt{2}}\cdot\frac{E_{x_1}}{2\,w}\,[\cos 2\varphi + (1-\sigma)^2\sin^2\varphi]$$

bei konstantem N_{ox} für einen Wert

$$(1-\sigma) = \sqrt{-\frac{\cos 2\varphi}{2\sin^2\varphi}}$$

erreicht und beträgt

$$A_{d\,max} = -\frac{z}{4}\cdot 2\pi\nu\left(-\frac{\cos 2\varphi}{2\sin^2\varphi}\right)\cdot\frac{N_{ox}}{\sqrt{2}}\cdot\frac{E_{x_1}}{2\,w}\cdot\left(\cos 2\varphi - \frac{\cos 2\varphi}{2\sin^2\varphi}\cdot\sin^2\varphi\right) =$$

$$= \frac{z}{4}\cdot\left(2\pi\nu\cdot\frac{N_{ox}}{\sqrt{2}}\right)^2\cdot\frac{1}{2\,w}\cdot\frac{\cos^2 2\varphi}{4\sin^2\varphi}\ \text{Watt}$$

oder angenähert

$$A_{d\,max} \cong \frac{z}{4}\cdot\left(2\pi\nu\cdot\frac{N_{ox}}{\sqrt{2}}\right)^2\cdot\frac{1}{8\,w}\ \text{Watt.}$$

In der Praxis kommt es im allgemeinen nicht vor, daß N_{ox} konstant gehalten wird (vergl. Fig. 8, wenn OL konstant, so ist OC aber nicht OA konstant). Wird die primäre Spannung konstant gehalten, so erreicht der Motor eine Höchstleistung von nur etwa 10% des hier gefundenen Wertes von $A_{d\,max}$. Wird die Belastung noch über diesen Betrag vergrößert, so fällt der Motor aus dem Tritt, bleibt stehen und wirkt, wie gesehen, als sekundär kurz geschlossener Transformator.

Aus den Kurven Fig. 11a und b kann man den typischen Unterschied zwischen den Betriebseigenschaften (zunächst bei gleicher Primärspannung) des Einphasen- und des Mehrphasenmotors ersehen. Es sind die Größen J gleich Primärstromstärke in einer Zuleitung, η = Wirkungsgrad, $\cos\varphi_1$ = Leistungsfaktor und σ = Schlüpfung für einen 2 P.S. Drehstrommotor in Sternschaltung und für denselben Motor mit einer Phase ausgeschaltet (2 Phasen hintereinander) zum Vergleich aufgestellt. Als Abszisse ist jedes Mal die Nutzleistung des Motors aufgetragen.

Die Stromaufnahme bei Leerlauf ist für den Einphasenmotor etwa 3/2 (genauer 3,16/2) mal so groß, als wenn der Motor mit Drehstrom gespeist wird, ganz analog wie beim Unterbrechen einer Phase des Zweiphasenmotors die Leerlaufstromstärke auf das Doppelte steigt. Daß der Wirkungsgrad des Einphasenmotors so niedrig verläuft, ist ja einerseits durch den verhältnismäßig zu großen Primärwiderstand desselben

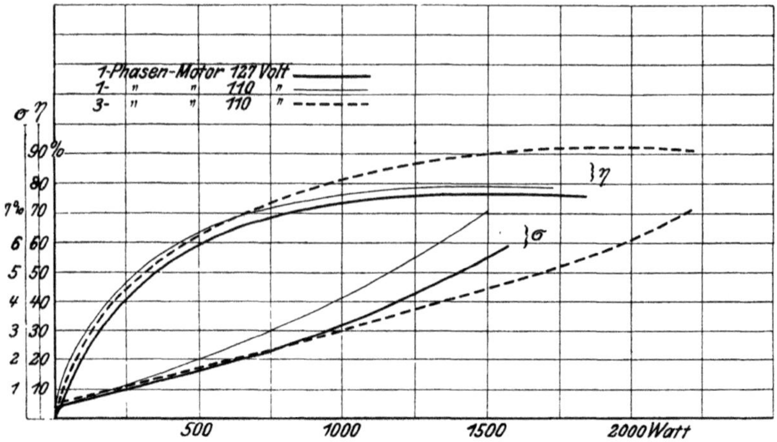

Fig. 11 a.

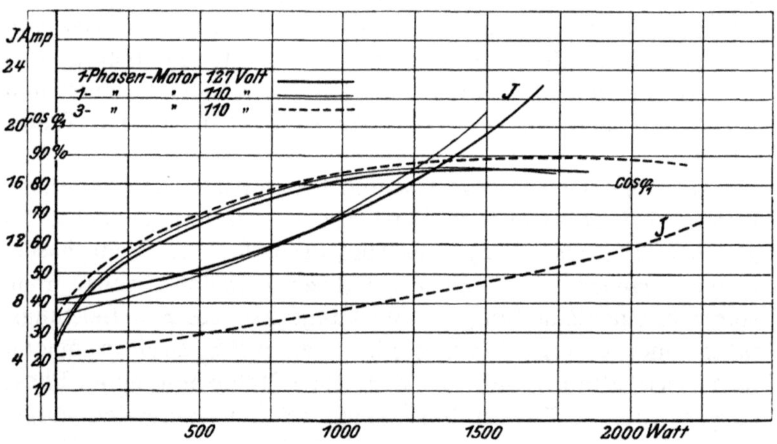

Fig. 11 b.

begründet. Ist der Ohmsche Verlust bei Leerlauf des Drehstrommotors $3 \,.\, J^2 w$ Watt, so wird er beim Einphasenmotor $2 \,.\, \left(\frac{3}{2} \,.\, J\right)^2 w = 4{,}5 \,.\, J^2 w$ Watt primär. Würde man aber auch diesem Umstande Rechnung tragend die Werte für den Wirkungsgrad korrigieren, so würde man doch zufolge der bei höherer Belastung verhältnismäßig großen sekundären Kupferverluste und der rascheren Zunahme der Primärstromstärke eine niedrigere η-Kurve erhalten. Die Eisenverluste beim einphasigen Motor können als gleich denen des Mehrphasenmotors angenommen werden, da sie im allgemeinen im primären Teil kleiner, im sekundären etwas größer als bei diesem ausfallen.

Der Leistungsfaktor schließlich ist, da die Streuung in der x-Richtung etwas mehr als verdoppelt wird, in der y-Richtung aber fast ganz wegfällt (weil keine Primärwicklung in dieser Richtung vorhanden ist), etwas niedriger als beim Dreiphasenmotor. Außerdem ist besonders bei kleinen Motoren noch zu berücksichtigen, daß die für dieselbe Nutzleistung beim Einphasenmotor größeren Verluste zur Erhöhung des Leistungsfaktors beitragen[1]).

Die Schlüpfung steigt, wie aus den Kurven ersichtlich, bei Zunahme der Belastung sehr rasch an und liegt bei den praktisch in Frage kommenden Belastungsfällen durchweg höher als beim Mehrphasenmotor. Auf die bemerkenswerte Tatsache, daß sie bei kleiner Belastung niedriger sein kann, ist schon hingewiesen worden.

Die bei einer Primärspannung $E_{p_1} = 110$ Volt aufgenommenen Kurven Fig. 11 berücksichtigen nicht den Materialaufwand und folglich auch nicht die Kosten der zu vergleichenden Motore. Da indessen die maximale Leistung des Dreiphasenmotors etwa doppelt so groß ist wie die desselben Motors, als einphasig geschaltet, so ist letzterer eigentlich zu groß (oder zu teuer) oder, was auf dasselbe hinauskommt, der Einphasenmotor kann ohne Übererwärmung mit etwas höherer Spannung betrieben werden. Bei dem hier geprüften Motor wird die Erwärmung bei Einphasenstrom und $E_{p_1} = 127$ Volt

[1]) Daß der relativ hohe Wert des Leistungsfaktors beim Einphasen-Asynchronmotor nicht auf dem Vorhandensein des kompensierenden Querfeldes N_y beruht, wie zuweilen (siehe z. B. E.T.Z. 1904, S. 853) behauptet wird, ist ohne weiteres klar, da ja auch der Mehrphasenmotor ein solches Querfeld besitzt.

etwa gleich der bei Drehstrom von 110 Volt. Unter Berücksichtigung der Materialausnutzung wäre also der Vergleich zwischen den Werten der stark ausgezogenen und der strichpunktierten Kurven Fig. 11 anzustellen. Bei gleicher Erwärmung verhält sich die maximale Leistung des Einphasenmotors zu der des Drehstrommotors etwa wie 7 : 10, der Wirkungsgrad des ersteren verläuft aber selbstverständlich hierbei niedriger als wie bei gleicher Primärspannung (von 110 Volt).

Wir erkennen schon nach obiger Überlegung die am meisten hervortretenden Mängel des einphasigen Induktionsmotors und folglich die Richtung, welche die Bestrebungen zur Schaffung einer für die weite Praxis brauchbaren Type desselben nehmen müssen. Der Motor muß, um die Konkurrenz mit den anderen Arten von Wechselstrommotoren erfolgreich bestehen zu können, ohne wesentlich teurer zu werden und ohne an seiner wertvollsten Eigenschaft, der großen Einfachheit, Einbuße zu erleiden, möglichst in der Weise verändert werden, daß

1. ein großes Drehmoment bei mäßiger Anlaufstromstärke geschaffen und

2. eine hohe Überlastungsfähigkeit erreicht wird.

Würden diese Bedingungen erfüllt werden, zudem Leistungsfaktor und Wirkungsgrad erhöht und noch eine Tourenregulierung erreicht werden können, würde der in dieser Weise veränderte Einphasenmotor zu den vollkommensten aller jetzt vorhandenen Elektromotore zu rechnen sein.

Um die Frage über die Möglichkeit einer Umbildung des Induktionsmotors in diesem Sinne zu beleuchten, wollen wir zuerst untersuchen, welche Verbesserungen und Umgestaltungen an demselben schon vorgenommen worden sind, und zu welchem Resultat sie geführt haben.

Verschiedene Ausführungsformen des Einphasen-Induktionsmotors.

Einphasenmotore von Tesla.

Bis zur jüngsten Zeit haben sich die Versuche zur Verbesserung des Einphasenmotors hauptsächlich darauf gerichtet, das Anlaufmoment zu vergrößern. Dabei sind zuweilen auch gleichzeitig andere Vorteile, als z. B. Erhöhung von Leistungsfaktor und Wirkungsgrad, aber auch zuweilen eine Verschlechterung der übrigen Eigenschaften des Motors herbeigeführt worden. Das letztere gilt von den ältesten Modifikationen, welche von Nicola Tesla vorgeschlagen wurden.

Seine Motore waren die ersten, bei welchen ein künstliches Drehfeld erzeugt wurde, und bieten, obwohl sie niemals besonders hohe Betriebseigenschaften zeigten, insofern ein gewisses Interesse, als sie für den Bau einer größeren Menge „verbesserter Einphasenmotore" als Vorbilder gedient haben. Tesla erzeugte das gegen das Hauptfeld phasenverschobene Querfeld (N_y) bei Stillstand des Rotors durch eine besondere Hilfswicklung, die von derselben Leitung wie die Hauptwicklung gespeist, dessen Feld aber gegen das Hauptfeld (N_x) um möglichst 90 Grad verzögert wurde. Um diese Verzögerung hervorzurufen, benutzte er teils die Remanenz, teils auch die magnetische Schirmwirkung von den Eisenkernen der Erregerspulen, oder aber, und dies ist die Methode, die sich am längsten bewährt hat, er teilte den Primärstrom und bekam so die Möglichkeit, den einen Teil gegen den anderen durch Einschalten von Widerständen, Induktionsspulen oder Kondensatoren innerhalb ziemlich weiter Grenzen in der Phase zu verschieben. Tesla hatte aber mit allen seinen Bestrebungen, um einen praktisch brauchbaren Induktionsmotor zu schaffen, wenig Erfolg, und zwar lag die Ursache hierzu teils daran, daß die amerikanischen Zentralen (seine Motore wurden zuerst in Amerika versucht) im allgemeinen mit hoher Periodenzahl arbeiteten, die eine hohe E.M.K. der Streuung herbeiführt, teils aber und hauptsächlich in der Konstruktion des erregenden Teiles. Dieser war, wie eingangs schon erwähnt, nach Art eines Gleichstrom-Magnetgestelles so ausgebildet, daß die Erregerspulen auf Polansätzen oder Vorsprüngen des Eisenkernes aufgewickelt waren, und die durch diese Anordnung noch mehr vergrößerte primäre Streuung des Motors machte denselben wenig überlastungsfähig und drückte den Leistungsfaktor auf einen sehr niedrigen Wert herunter. Auf die schwierige Ausbildung des Drehfeldes ist schon hingewiesen.

Erst nachdem das Prinzip der Stromteilung und Verwendung einer Hilfsphase für Motore mit Nutenwicklung und gleichmäßig verteiltem Eisen Aufnahme gefunden hatte, führte es zur Schaffung einer Type, die mit einiger Aussicht auf Erfolg die Konkurrenz mit dem Mehrphasenmotor aufnehmen konnte. Dieser sogenannte

Kunstphasenmotor mit Nutenwicklung

ist also nichts anderes als ein konstruktiv besser ausgebildeter Tesla-Motor, welcher als Zweiphasenmotor anläuft.

Fig. 12 zeigt schematisch Anlaufschaltung a und Betriebschaltung b eines solchen Kunstphasenmotors von der Union A.-G. (5 P.S., 110 Volt). L ist eine Selbstinduktionsspule, W ein Ohmscher Widerstand und SS je 2/4 der als Ringwicklung ausgeführten primären Bewicklung. Die eine Hälfte der Statorwicklung dient beim Anlauf als Hilfswicklung zur Erzeugung des Querfeldes und wird, sobald der Motor seine höchste Tourenzahl bei der Anlaufschaltung erreicht hat, in Serie mit der anderen Hälfte unter Ausschaltung der Widerstände L und W verbunden (b).

In c d ist eine andere typische Schaltanordnung dargestellt (3 P.S.-Motor von den Bismarckwerken). S_1 ist eine nur für den Anlauf benutzte Hilfswicklung dünnen Drahtes, welche parallel zum Kondensator K und in Serie mit der in 2 Teile SS geteilten Hauptwicklung des Stators geschaltet ist. Bei normalem Betrieb sind die 2 Wicklungen S parallel geschaltet (d), Hilfswicklung S_1 und Kondensator ganz ausgeschaltet. Diese Anordnung ist an sich vorteilhafter als die nach a, b, denn dank der Serienschaltung der Spulen S kann der Motor direkt ohne Anlasser an die volle Betriebspannung (110 Volt) gelegt werden, ohne daß die Anlaufstromstärke die normale übersteigt. Außerdem wird der Spulenfaktor durch Abschalten

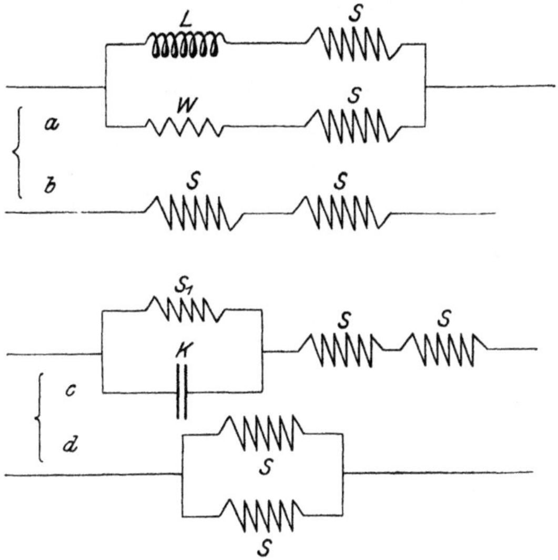

Fig. 12.

der Hilfswicklung besser als bei dem vorher beschriebenen Motor. In der Schaltung c hat der Motor (ohne besonderen Widerstand im Rotor) ein Drehmoment von 37 % des Normalen bei voller Stromstärke oder 27 % bei voller Spannung (siehe die Anlaufskurve Fig. 13). Diese Zahlen geben ein ungefähres Bild von dem, was man durch Anbringen einer Hilfsphase bei kleineren Motoren erreichen kann, und zeigen, daß trotz des umständlichen Schaltapparates die erzielte Wirkung nicht besonders kräftig ist. Bei größeren Motoren stellen sich selbstverständlich die Verhältnisse günstiger, so wird z. B. für einen vierpoligen 6 P.S.-Asynchronmotor von Heyland mit Anlaßwiderstand im Rotor ein Anlaufmoment von 50 % des Normalen bei Vollaststrom angegeben[1]), aber auch hier sehen wir, daß das Anlaufmoment der Größe nach weit hinter denen der Mehrphasen- und Gleichstrommotore zurücksteht.

Prinzipiell muß auch diese Methode zur Schaffung eines Anlaufmomentes als eine nicht zufriedenstellende Lösung der Aufgabe betrachtet werden.

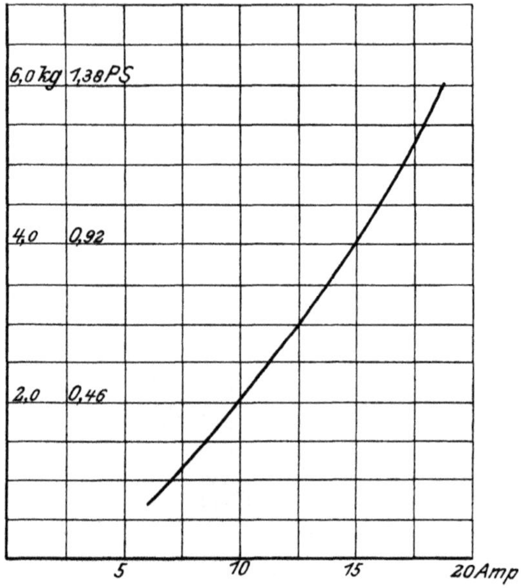

Fig. 13.

Verwendet man nämlich eine Induktionsspule beim Anlassen, so wird der beim Anlauf schon an sich niedrige Leistungsfaktor noch ungünstiger, was sich bei großen Motoren oder größerer Zahl derselben für die elektrische Zentrale und das Netz unangenehm fühlbar macht. Ebenso ist die Verwendung Ohmscher Widerstände an sich ein Mittel, die zugeführte Energie ohne entsprechende Drehmomentwirkung zu vergeuden, und schließlich nehmen Kondensatoren bei nicht sinusförmigem Verlauf der Spannung leicht so große wattlose Ströme auf, daß sie zuweilen sogar den Leistungsfaktor verschlechtern anstatt

[1]) E.T.Z. 1903, Heft 19, S. 348.

ihn zu verbessern. Außerdem muß der Kondensator, wenn seine Wirkung sich gegen die der Induktanz geltend machen soll, bei Niederspannungsmotoren sehr groß gemacht werden.

Das, was bei diesem als Mehrphasenmaschine mit Hilfswicklung angehenden Motor erreicht wird, ist folglich ein nicht allzu hohes Anlaufmoment bei großer Stromaufnahme und entweder niedrigem Leistungsfaktor oder Energievergeudung in Widerständen. Beim Lauf wieder hat der Motor dieselben Eigenschaften wie der gewöhnliche Thomson-Asynchronmotor, also auch die Nachteile desselben. Es ist nämlich nicht möglich, eine Hilfswicklung so einzurichten, daß sie sowohl beim Anlauf wie bei Lauf ein positives Drehmoment erzeugt, denn in demselben Maße wie das eigene Querfeld des Rotors bei steigender Geschwindigkeit entwickelt wird, ändert sich auch die Induktanz der Hilfswicklung und folglich auch die Phase des in derselben fließenden Stromes. Diese Phasenänderung hat aber zur Folge, daß das zusätzliche Drehmoment geändert wird, und zwar über 0 bis zu einem gewissen negativen Wert. Sehr oft muß deshalb die Hilfsphase ausgeschaltet werden, damit der Motor überhaupt auf Touren kommt, und jedenfalls würde sie, wenn bei normalem Betrieb eingeschaltet, bremsend wirken.

Ist der Rotor mit Phasenwicklung versehen, so kann ein Herabsetzen des Anlaufstromes und eine Erhöhung des Drehmomentes bis zu einer gewissen Grenze durch Einschalten Ohmscher Widerstände in den Anker erfolgen, aber dies führt naturgemäß wiederum zu einer Verschlechterung des Wirkungsgrades, zu Verteuerung und Komplikation des Motors.

In strikter Verfolgung des Gedankens, welcher der Anordnung mit Anlaufsphase zugrunde liegt, hat C. P. Steinmetz den nach ihm genannten

Steinmetz-Kondensatormotor

konstruiert, welcher, neuerdings von einer großen amerikanischen Firma fabriziert, zweifelsohne für den stationären Betrieb von größerer Bedeutung sein wird.

Steinmetz verwendet zuweilen 2, im allgemeinen aber nur eine Hilfsphase, welche, obwohl sie auch das Anlaufen des Motors herbeiführt, hauptsächlich dazu dienen soll, den Leistungsfaktor und die Überlastungsfähigkeit des Motors zu vergrößern. Dies geschieht in folgender Weise. Die Hilfswicklung ist in ganz ähnlicher Weise angeordnet wie bei dem vorher beschriebenen Motor, nur ist sie nicht um 90° räumlich, sondern um etwas weniger, und zwar gewöhnlicherweise etwa 60°, gegen die Hauptwicklung verschoben. Sie dient als Primärspule für eine zweite im Stator eingebaute Tertiärwicklung, welche an den Klemmen eines Kondensators angeschaltet ist (Fig. 14 a). Da die Hilfswicklung S′ direkt an der Hauptwicklung S des Stators angeschlossen und gegen diese um 60° verschoben ist, so kann man sich die Statorwicklung als aus einer Drehstrom-Dreieckwicklung entstanden denken, an welcher eine Zuleitung fehlt, und deren eine Phase S′ in der in Fig. 14a skizzierten Art mit dem Kondensatorkreis magnetisch verkettet ist.

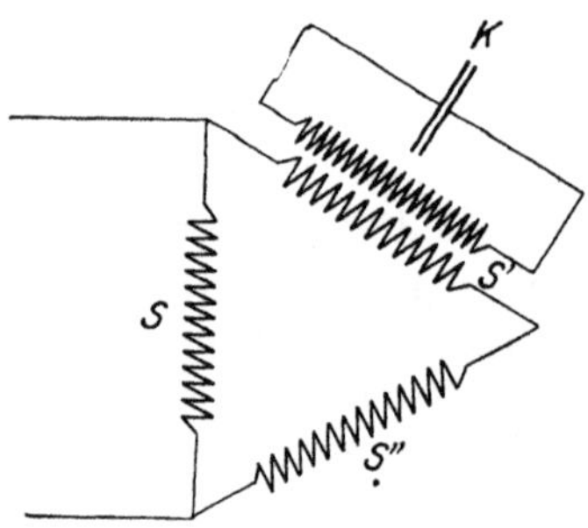

Fig. 14a.

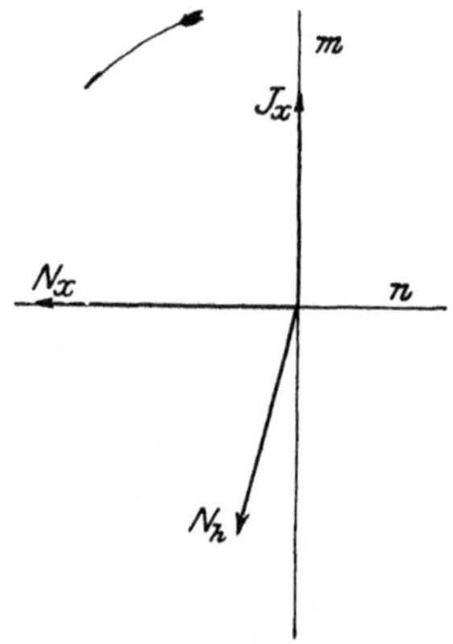

Fig. 14b.

Das von der Hauptspule erzeugte Wechselfeld hat eine Komponente, welche auf S′ induzierend wirkt, und da diese Wicklung auf den Kondensator K arbeitet, so erregt sie bei passender Wahl der Kapazität ein Feld (N_h), welches nahezu in Phase ist mit dem Rotorstrom J_x (Fig. 14b), also etwa um 90° gegen das Hauptfeld (N_x) versetzt ist. Bei Anlauf wirkt also die Steinmetzsche Anordnung genau so wie eine gewöhnliche „Kunstphase“. Kommt jetzt der Motor in Gang, so induziert das Rotorquerfeld (N_y) E.M.K.K. in der Wicklung S′, und zwar überwiegen diese über die von S induzierten, weil ja die Lage von S' näher mit der des Querfeldes übereinstimmt (30° gegen 60°). Der Strom, welcher so in der Hilfsphase S' entsteht, hat eine Voreilung gegen seine Spannung von nahezu 90°, und da die betreffende Spannung dem Querfelde 90° nacheilt, verstärkt er folglich dieses Feld. Wir sehen also hier wieder das Prinzip des Zweiphasenmotors verwendet: zwei Statorwicklungen, welche um 90° gegeneinander verschobene Felder hervorrufen, haben aber hier den Vorteil, daß die eine Wicklung keine äußere Zuleitung braucht zur Erzeugung ihres Feldes.

Es ist aber ohne weiteres einleuchtend, daß es von großem Vorteil sein würde, wenn man gerade diese Spule mit den wattlosen Strömen belasten könnte, die sonst in den Zuleitungen auch zur anderen Phase fließen. Dies geht auch in einfacher Weise zu erreichen. Man macht nur die Kapazität des Kondensators so groß, daß das Querfeld überwiegt oder gewissermaßen als Primärfeld $N_{x'}$ gegen das ursprüngliche Hauptfeld N_x auftritt und demnach durch sein Querfeld $N_{y'}$ die Magnetisierung auch in der Hauptrichtung (x-Richtung) übernimmt. Hierdurch werden also die Zuleitungen des Motors von Magnetisierungsströmen entlastet, und er ist „kompensiert" d. h. hat einen Leistungsfaktor gleich 1.

Jetzt haben wir aber eben gesehen, daß die Größe der Kapazität K schon durch die Bedingung eines guten Anlaufes festgelegt war, und es müssen also gewisse Konzessionen entweder in bezug auf Anlaufmoment oder in bezug auf Kompensierung gemacht werden, wenn man denselben Kondensator sowohl für Anlauf wie für Lauf verwenden will. Da für stationäre Motore die genaue Kompensierung öfter die wichtigere Eigenschaft ist, wird die Kapazität auf Kompensierung der Phasenverschiebung für den Belastungsbereich um Normallast herum bemessen, und, um dabei nicht das Drehmoment beim Anlauf zu niedrig zu erhalten, wird für das Angehen des Motors Widerstand in den Rotor geschaltet.

Der Kondensator wird von der tertiären Wicklung gespeist, und da diese von dem sinusförmigen Rotorquerfelde induziert ist, treten im Kondensatorkreis keine oberen Harmonischen auf, und somit fallen die Bedenken weg, welche sich gegen die Verwendung des Kondensators bei den gewöhnlichen Kunstphasenmotoren geltend machten. Außerdem hat man die Möglichkeit, durch die tertiäre Spule die Spannung am Kondensator unabhängig von der Netzspannung auf einen günstigen Wert (gewöhnlich 500—600 Volt) zu bringen, wodurch bei Niederspannungsmotoren der Kondensator kleiner gemacht werden kann. In Fig. 15 sind Schaulinien eines 10 P.S.-Steinmetz-Motors dargestellt. Wie ersichtlich ist die Kompensierung der Phasenverschiebung für einen großen Bereich an beiden Seiten der Normalleistung in sehr vollkommener Weise erreicht und der Wirkungsgrad trotz der in der tertiären Wicklung

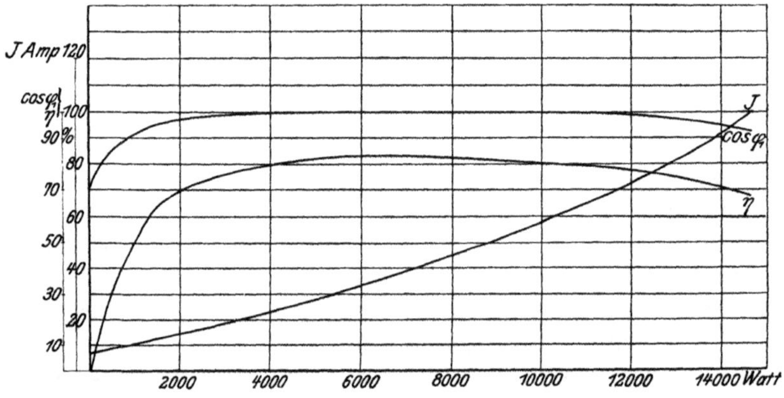

Fig. 15.

und dem Kondensator auftretenden Verluste gut. Das Anlaufmoment ist aber auch recht niedrig (etwa 30 % des Volllastmomentes bei doppeltem Vollaststrom) und die Treibwellen dieser Motore werden infolgedessen mit einer Kupplung ausgerüstet, welche erst bei höherer Tourenzahl des Rotors in Tätigkeit tritt und die Last mitnimmt. Der Hauptvorzug dieser Type bleibt somit die Phasenkompensation und die größere Überlastungsfähigkeit.

Durch eine Abänderung derselben hat indessen Steinmetz einen Einphasenmotor geschaffen, welcher ein Anlaufmoment nahe gleich dem des Drehstrommotors besitzt. Er schaltet zu diesem Zwecke in den Stator noch eine um 60° gegen die Hauptspule versetzte Wicklung ein, und zwar in der Weise daß, wenn die mit dem Kondensator in Verbindung stehende

Wicklung räumlich nach vorwärts um 60°, die zweite ebensoviel nach rückwärts versetzt ist. Es kann somit dazu die dritte Phase der vorhin erwähnten Dreieckwicklung des Stators benutzt werden (Fig. 16). Diese zweite Hilfswicklung S″ wird anstatt mit einem Kondensator mit einer Selbstinduktionsspule L verbunden und wirkt demnach ganz ähnlich wie S′, nur in entgegengesetztem Sinne, d. h. gibt ein nach der in S″ induzierten Spannung eilendes, anstatt eines voreilenden Feldes. Es ist offenbar möglich, durch Änderung der Werte von Kapazität und Induktanz verschiedene Phasenverschiebungen der Hilfsfelder gegenüber dem Hauptfelde zu erhalten, und wenn man die beiden Größen so wählt, daß die Phasenverschiebung in beiden Hilfsspulen numerisch gleich 60° (120°) ist, so ist ja in der Tat die Feldverteilung eines Drehstrommotors hergestellt.

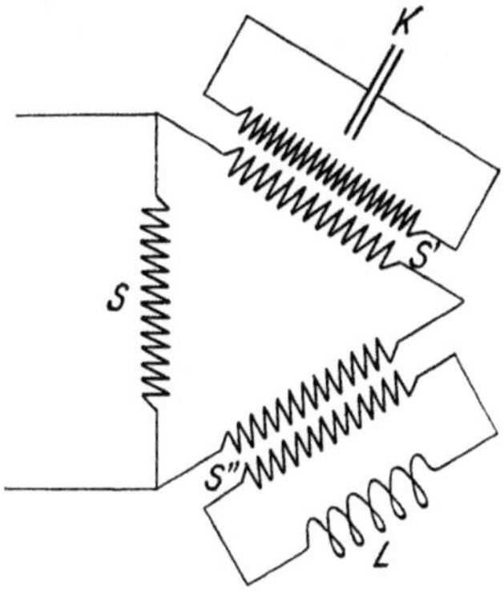

Fig. 16.

In dieser Schaltung läuft also der Einphasenmotor mit vorzüglicher Phasenkompensierung, wenn man wie vorher den Kondensator die Magnetisierung übernehmen läßt, und hat außerdem bei einem den Verlusten im Kondensator und in der Induktionsspule entsprechend etwas kleineren Wirkungsgrad fast dasselbe Anlaufmoment und dieselbe Überlastungsfähigkeit wie der Drehstrommotor. Mit diesem Motor ist also Steinmetz, was die Betriebseigenschaften betrifft, sehr nahe an das für einen Einphasenmotor Ideale gekommen, er gewinnt aber die Vorteile nur durch eine nicht unbedeutende Komplikation und Verteuerung des Motors, und man kann deshalb voraussehen, daß diese Type kaum mit dem einfacheren Kondensatormotor in ernsteren Wettbewerb treten wird.

Corsepius-Motor.

Es sei der Vollständigkeit halber, ehe ich das Gebiet der kollektorlosen Induktionsmotore verlasse, hier noch eine neuerdings von Dr. Corsepius angegebene Anordnung erwähnt. Dieselbe bietet ein gewisses Interesse als ein Versuch, die induzierende Wirkung des Querfeldes eines Asynchronmotors für den Antrieb eines anderen nutzbar zu machen.

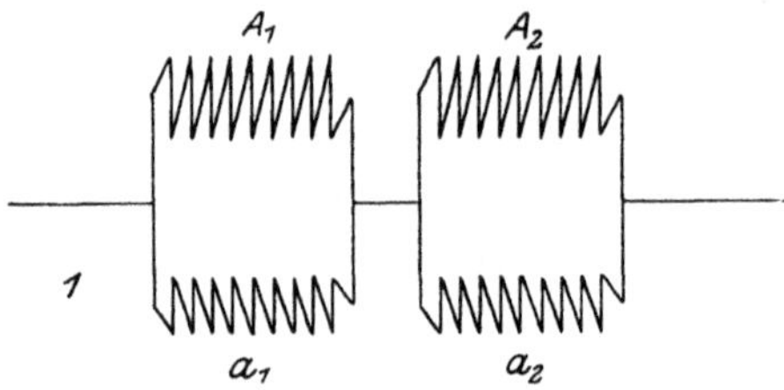

Fig. 17¹.

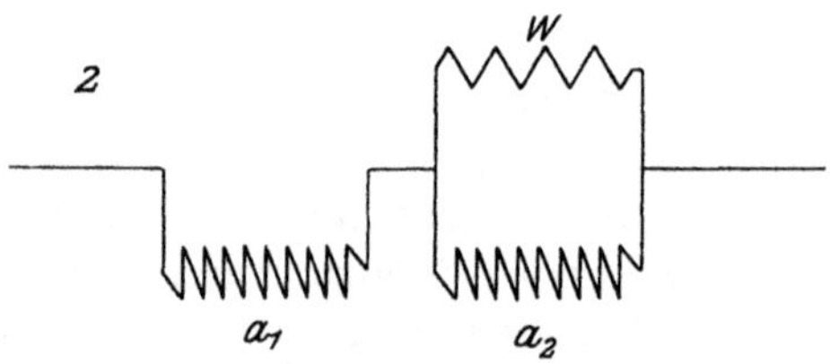

Fig. 17².

Neben dem Rotor des Corsepius-Motors ist noch ein Nebenläufer nach Art einer Nullscheibe, d. h. fliegend auf der Achse, gelagert. Der Stator ist in 2 Teile, einen für jeden Läufer, geteilt und trägt in jedem Teil 2 Wicklungen, die um 90^0 räumlich gegeneinander versetzt sind. Der Wicklung nach besteht der Motor somit aus 2 zusammengebauten Zweiphasenmotoren. Die Statorwicklungen dieser Motore sind unter sich z. B. nach Art der Fig. 17, 1 miteinander verbunden so, daß, wenn A_1 und A_2 die zwei Wicklungen des Hauptstators bedeuten, die entsprechenden Wicklungen a_1 und a_2 des Nebenstators zu diesen parallel geschaltet sind.

Um den Motor zum Anlaufen zu bringen, wird erst der Nebenstator vom Hauptstator abgeschaltet und die eine Wicklung a_2 desselben als Hilfsphase für die andere (Fig. 17, 2) unter Zuhilfenahme eines parallel geschalteten Widerstandes W benutzt. Der Nebenläufer geht dann unter Einwirkung des künstlich erzeugten Drehfeldes leicht an, ohne die Welle mitzunehmen, und induziert durch sein eigenes Feld in den Spulen a_1 und a_2 E.M.K.K., welche, wie aus unserer Betrachtung des gewöhnlichen Asynchronmotors ohne weiteres zu entnehmen ist, gegeneinander eine Phasenverschiebung von $\varphi \cong 90^0$ besitzen. Jetzt werden a_1 und a_2 nach Fig. 17, 1 in Betriebs-

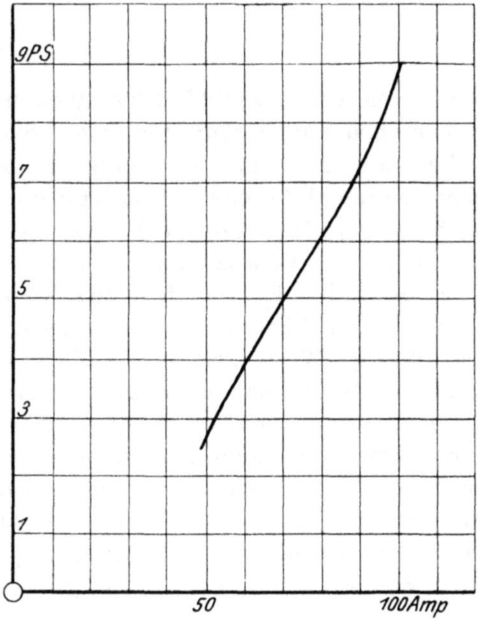

Fig. 18.

schaltung gebracht und dienen für den Anlauf des Hauptrotors als Ersatz für parallel geschaltete Reaktanz oder Ohmschen Widerstand. Weil aber die Verschiebung der Ströme in a_1 und a_2 größer ist, als was im allgemeinen mit diesen letztgenannten Mitteln erreicht werden kann, nähern sich die Bedingungen für das Angehen des Hauptrotors in vollkommenerem Maße denselben beim Zweiphasenmotor und das Anlaufmoment wird deshalb verhältnismäßig hoch.

Es braucht indessen kaum auf die großen Nachteile hingewiesen zu werden, mit denen dieser Vorteil gekauft wird: Komplikation, Vergrößerung und Verteuerung des Motors und größere Umständlichkeit beim Anlassen. In Fig. 18 ist das Anlaufmoment in synchrone P.S. als Funktion von der Anlaßstromstärke aufgetragen für einen Motor von etwa 5 P.S. Normalleistung bei 60 Ampere und 140 Volt. Die Werte liegen, wie ersichtlich, recht günstig, dürften aber (obwohl vielleicht bei dem betreffenden Motor etwas zu hoch gemessen[1])) bei geeigneter Bauart der Maschine noch verbessert werden können.

Die Typen von Einphaseninduktionsmotoren, deren Wirkungsweise hier oben kurz erläutert wurde, stellen in der Tat das Beste dar, was man bis jetzt unter Beibehaltung des ursprünglichen Kurzschluß- oder Phasenankers durch Änderungen nur an dem primären Teile des Asynchronmotors hat erreichen können. Obwohl hierbei die für den Betrieb des Motors maßgebenden Größen, Leistungsfaktor, Wirkungsgrad und Überlastungsfähigkeit, wie z. B. bei dem Steinmetz-Motor, recht günstige Werte zeigen, so blieb doch in bezug auf Anlaufmoment, wenn man nicht große Komplikation der Anordnung mit in Kauf nehmen wollte, viel zu wünschen übrig, und besonders wurde auch eine Regulierung der Tourenzahl und Reversieren der Drehrichtung nicht ermöglicht.

Zu Verbesserungen in dieser Hinsicht werden aber, wie gleich gezeigt werden soll, durch Abänderung des sekundären Teiles weitgehende Möglichkeiten gegeben.

Der Repulsionsmotor.

Dieser Induktionsmotor, im Prinzip auch erst von E. Thomson angegeben, unterscheidet sich von dem als Asynchronmotor bezeichneten hauptsächlich dadurch, daß er anstatt Rotor mit Kurzschluß- oder Phasenwicklung einen solchen in Form einer

---

[1]) Siehe Corsepius: Mit Last angehender kollektorloser Einphasenwechselstrommotor, E.T.Z. 1903, S. 1012.

Kollektorarmatur besitzt. Eine 2 polige Anordnung des Repulsionsmotors ist in Fig. 19 skizziert.

Unter Beibehaltung derselben Bezeichnungen wie für den Asynchronmotor werde ich auch hier die Beziehungen ableiten, die zwischen dem resultierenden Rotorfelde N_x und den verschiedenen elektrischen Größen des Rotors bestehen, kann mich aber dabei ganz kurz fassen, da die neuen Eigenschaften, welche dieser Motor gegenüber dem asynchronen aufweist, nur auf der anderen Stromführung im Rotor und der neu hinzutretenden Möglichkeit einer Änderung der Feldrichtung im Motor durch Verstellen der Bürsten beruhen. Auf die neue Schwierigkeit, welche die Verwendung des Kollektors mit sich führt, kommt es uns vorläufig nicht an.

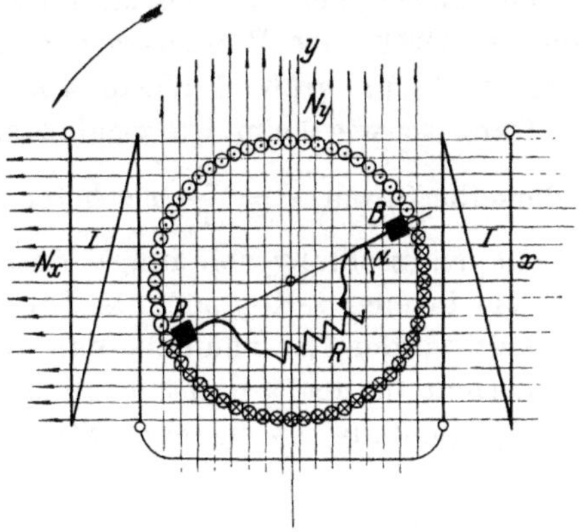

Fig. 19.

Wir denken uns anstatt des Käfigankers (Fig. 1) einen Gleichstromanker der Wirkung des Feldes ausgesetzt. Die Wicklung dieses Ankers (Fig. 19) ist durch das Bürstenpaar B B auf irgend einen Widerstand R geschlossen, und das Ankerfeld muß sich folglich in der Richtung B B, welche mit der x-Richtung den (spitzen) Winkel α bildet, entwickeln.

Steht jetzt erst der Rotor still, so induziert das Feld N_x in den Rotorwindungen Ströme, die, wenn der Widerstand R klein (für gewöhnlich wird er gleich null gemacht durch Kurzschließen der Bürsten) oder induktiv ist, etwa 90^0 nach der induzierten E.M.K. und also gegen 180^0 nach dem Felde N_x gehen. Es entsteht somit ein Drehmoment im Sinne der Pfeilrichtung.

Ist die Stabzahl am Ankerumfange z, die wirksamen Windungen demnach $\frac{z}{2} \cdot \frac{2}{\pi}$, so finden wir, ähnlich wie in Gleichung 1), die zwischen den Bürsten B B durch ruhende Induktion erzeugte E.M.K.

$$E_1 = 4 \cdot \nu \cdot \frac{N_{x\,max}}{\sqrt{2}} \left(\frac{z}{2} \cdot \frac{2}{\pi}\right) \cdot \frac{\pi}{2} \cdot \cos\alpha \cdot 10^{-8} \text{ Volt}$$

oder, wenn wie vorher

$$N_{0\,x} = N_{x\,max} \cdot 10^{-8},$$

$$E_1 = 2\,\nu \cdot \frac{N_{0\,x}}{\sqrt{2}} \cdot z \cos\alpha \text{ Volt} \quad \ldots\ldots\ldots \quad 18)$$

E_1 ruft einen Strom hervor, dessen Phasenverschiebung gegen E_1 von der Größe des Winkels α abhängt, für $\alpha = 0$ nahe an 0^0 ist und für größere Werte von α sich an 90^0 nähern wird. Ganz so wie beim Kurzschlußanker kann auch hier, obwohl derselbe Strom $J = \frac{E_1}{r}$ (r scheinbarer Widerstand der Armatur mit Kurzschlußverbindung) durch alle Drähte fließt, dieser Strom in eine x-Komponente J_x und eine y-Komponente J_y zerlegt werden, so nämlich, daß J_x der Strom ist, welcher das Rotorfeld in der x-Richtung erzeugt, und J_y den das Feld in der y-Richtung erzeugenden Strom darstellt, also:

$$0{,}4 \cdot \pi\, J_y \cdot \frac{z}{2} \cdot \frac{2}{\pi} = \frac{N_{y\,max}}{\sqrt{2}} \cdot \varrho,$$

wo ϱ der magnetische Widerstand in der y-Richtung ist.

Das Drehmoment der y-Windungen (Querwindungen) im x-Felde ist beim Anlauf (siehe Gleichung 11'))

$$D_1 = -\frac{z}{2} \cdot \frac{2}{\pi} \cdot J_y \cdot \frac{N_{x\,max}}{\sqrt{2}} \cdot \cos(N_x, J) \cdot 10^{-1} \text{ dyne} \times \text{cm} \quad 19)$$

oder

$$2\,\pi\,\nu \cdot D_1 = -2\,\pi\,\nu \cdot \frac{z}{\pi} \cdot J \sin\alpha \cdot \frac{N_{x\,max}}{\sqrt{2}} \cos(N_x, J) \text{ synchrone Watt}$$

und nach 18)

$$2\,\pi\,\nu \cdot D_1 = -\left(2\,\nu\,z \cdot \frac{N_{0\,x}}{\sqrt{2}}\right)^2 \frac{\cos\alpha}{r} \sin\alpha \cos(N_x, J) \text{ synchrone Watt.}$$

Diese Größe ist positiv, da cos (N_x, J) negativ ist. Das Moment der x-Windungen im y-Felde dreht in demselben Sinne (Fig. 19) und ist

$$D_2 = \frac{z}{2} \cdot \frac{2}{\pi} \cdot J_x \cdot \frac{N_{y\,max}}{\sqrt{2}} \cdot \cos(N_y, J_y) \cdot 10^{-1} \text{ dyne} \times \text{cm} \quad . \quad . \quad 20)$$

Da ja N_y von J_y erzeugt wird, ist $\cos(N_y, J_y) = 1$, und wir erhalten durch Eliminieren von J_x und N_y:

$$2\pi\nu \cdot D_2 = 0{,}8\,\nu\, z^2 \left(2\nu \cdot z\, \frac{N_{0x}}{2}\right)^2 \frac{\cos^3\alpha}{r^2} \cdot \frac{\sin\alpha}{\varrho} \text{ synchr. Watt.}$$

Da sowohl r wie ϱ und cos (N_x, J) mit α veränderlich sind, läßt sich der Verlauf des Gesamtdrehmomentes für verschiedene Werte von α nicht ohne weiteres übersehen. Es genügt uns aber festzustellen, daß einerseits das Drehmoment proportional N_{0x}^2 ist, also ähnlich wie beim Hauptschlußgleichstrommotor, andererseits D_1 bei großen Werten von α überwiegt und bei Verkleinerung von α das Drehmoment D_2 mit $\cos^3\alpha$ rasch ansteigt, um in der Nähe von $\alpha = 0^0$ zufolge der schnellen Abnahme von $\sin\alpha$ plötzlich auf 0 hinabzufallen.

Bei Rotation des Ankers entsteht zwischen den Bürsten, bei einer sekundlichen Umdrehungzahl n die E.M.K.

$$E_2 = 2z \cdot \frac{N_{0x}}{\sqrt{2}} \cdot n \,.\, \sin\alpha \text{ Volt}, \quad . \quad . \quad . \quad . \quad . \quad 21)$$

welche in Phase mit N_x ist und folglich auch immer dieselbe Periodenzahl hat.

Wie aus dem Diagramm Fig. 20 ersichtlich, wirkt E_2 entgegengesetzt der wattlosen Komponente (in der positiven n-Richtung) des Stromes J, strebt also den Leistungsfaktor zu verbessern und setzt das Moment D_1 herab. Auch für den Betrieb ist es somit nötig, D_2 groß, alo α klein zu machen. Gewöhnlich ist α etwa 20—30⁰.

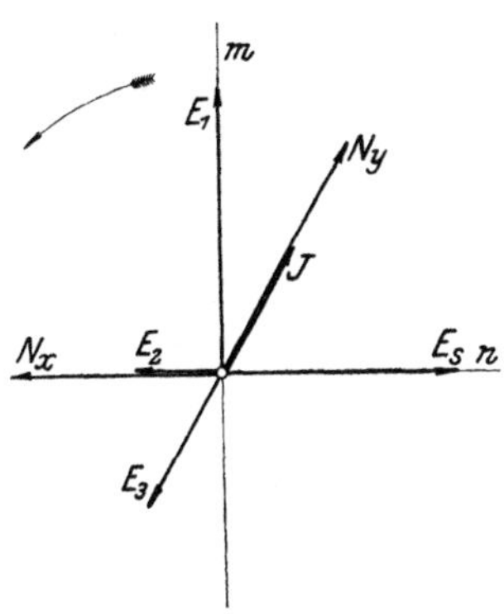

Fig. 20.

Durch Rotation der Ankerwicklung im Felde N_y wird eine E.M.K. E_3 erzeugt, welche 180^0 Phasenverschiebung gegen die resultierende Stromstärke hat und also eine reine Gegen-E.M.K. ist. Da das treibende Feld N_y proportional mit der Stromstärke J abnimmt, bekommt der Motor bei konstanter Primärspannung die Tourencharakteristik des Hauptschlußmotors: das Drehmoment nimmt mit steigender Tourenzahl rasch ab.

Um das Feld N_y im Rotor günstig erzeugen zu können, macht man den Ankerwiderstand klein, bekommt also bei Anlauf einen niedrigen Leistungsfaktor und beim Lauf einen Wirkungsgrad, welcher ziemlich gut ist, wenn er auch nicht dem eines Mehrphasenmotors gleichkommt, da etwas größere Eisenverluste, durch die Verluste am Kollektor vergrößert, hier zu den anderen hinzutreten.

Für die Größe des Leistungsfaktors beim Lauf ist die Selbstinduktions-E.M.K. E_s' im Rotor ausschlaggebend. Sie geht 90^0 nach J und ist zwischen den Bürsten:

$$E_s' = 2\nu \cdot z \cdot \frac{N_{oy}}{\sqrt{2}} \sin\alpha \text{ Volt},$$

wenn

$$N_{oy} = N_{y\,max} \cdot 10^{-8},$$

wo

$$N_{y\,max} = \frac{0{,}4 \cdot \pi \cdot J \cdot \sin\alpha}{\varrho} \cdot \frac{2}{\pi} \cdot \frac{z}{2}.$$

Die wattlose Komponente E_s von E_s' ist E_2 entgegengesetzt gerichtet, und da nach 21)

$$E_2 = 2 \cdot n \cdot z \cdot \frac{N_{ox}}{\sqrt{2}} \sin\alpha \text{ Volt},$$

so folgt, daß der Motor bei $E_s = E_2$ oder bei einer Tourenzahl, welche von der Gleichung

$$\frac{n}{\nu} = \frac{N_{oy}}{N_{ox}} \quad \ldots\ldots\ldots\ldots 22)$$

bestimmt ist, ohne Selbstinduktion im Anker läuft[1]).

[1]) Meines Wissens machte Herr M. Latour auf diesen Umstand zuerst aufmerksam.

N_y steht dann senkrecht auf N_x. Jetzt ist es aber für gewöhnlich nicht günstig, den Motor bei dieser Tourenzahl zu betreiben, denn das Drehmoment ist bei dieser verhältnismäßig hohen Umdrehungzahl zu niedrig, und man kommt daher in der Praxis mit dem Leistungsfaktor etwa bis zu derselben Höhe wie bei einem Drehstrommotor.

Es erübrigt noch eine Untersuchung der Bedingungen, unter denen der Kollektor arbeitet. Bei Anlauf geht über die Bürsten die große Kurzschlußstromstärke des Ankers, und es ist nicht möglich, ohne besondere Verkehrungen, auf die ich später zu sprechen komme, eine gute Kommutierung dieses

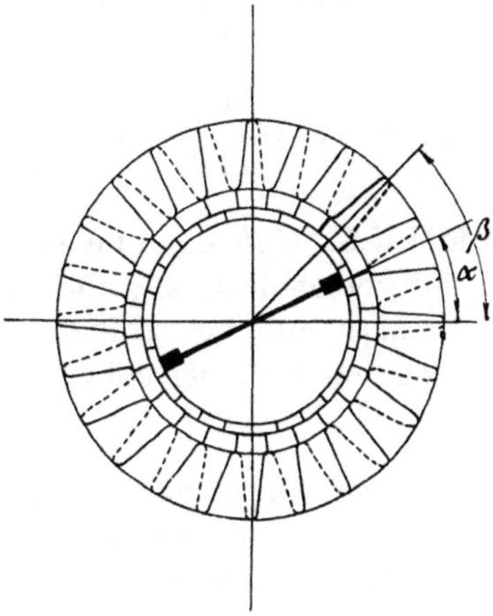

Fig. 21.

Anlaufstromes zu erzielen. Die E.M.K. $e_{1\beta}$, welche vom Felde N_x durch ruhende Induktion in einer Rotorspule, deren Windungsfläche den Winkel β mit N_x bildet (Fig. 21), induziert wird, ist wenn die Spule x Windungen hat,

$$e_{1\beta} = 4\,\nu \cdot x \cdot \frac{N_{ox}}{\sqrt{2}} \sin\beta \frac{\pi}{2} \text{ Volt} \quad . \; . \; . \; . \; . \; 23)$$

Hierzu tritt noch die Selbstinduktions- (Kommutierungs-) E.M.K., die von der Art der Wicklung, Nutung und anderen konstruktiven Einzelheiten des Ankers abhängt, sowie eine durch Rotation der Spule im Felde N_x hervorgerufene E.M.K.

$e_{2\beta}$, deren Momentanwert, wenn n die sekundliche Umdrehungzahl bedeutet, analog wie in Gleichung 6)

$$e_2\beta_t = 2\pi n \cdot x \cdot N_{x\,max} \cdot \sin\omega t \cdot \sin\beta \cdot 10^{-8} \text{ Volt}$$

ist. Der Effektivwert demnach

$$e_{2\beta} = 4 n \cdot x \cdot \frac{N_{ox}}{\sqrt{2}} \cdot \cos\beta \cdot \frac{\pi}{2} \text{ Volt} \quad . \; . \; . \; . \; 24)$$

Für die Induktion vom Felde N_y aus bekommen wir ganz ähnliche Ausdrücke:

$$e_{1\beta}' = 4\nu \cdot x \cdot \frac{N_{oy}}{\sqrt{2}} \cdot \cos\beta \cdot \frac{\pi}{2} \text{ Volt} \quad . \; . \; . \; . \; 25)$$

und

$$e_{2\beta}' = 4 n \cdot x \cdot \frac{N_{oy}}{\sqrt{2}} \cdot \sin\beta \cdot \frac{\pi}{2} \text{ Volt} \quad . \; . \; . \; . \; 26)$$

Von diesen E.M.K.K. sind $e_{1\beta}$ und $e_{1\beta}'$ gegen die Felder N_x bezw. N_y um 90° verschoben, $e_{2\beta}$ und $e_{2\beta}'$ sind dagegen in Phase mit ihren Feldern und bei Anlauf beide gleich 0.

Wir wollen jetzt den Fall betrachten, daß

$$\beta = \alpha,$$

d. h. daß die betreffende Ankerspule von einer Bürste gerade kurz geschlossen wird. Für Anlauf des Motors gilt dann das Diagramm Fig. 22. Die Felder N_x und N_y sind ja, ehe der Rotor sich noch dreht, um nahezu 180° gegeneinander zeitlich versetzt, und folglich heben sich auch $e_{1\beta}$ und $e_{1\beta}'$ teilweise auf, nur teilweise, weil $N_{oy} \cdot \cos\alpha$ [25)] bedeutend größer ist als $N_{ox} \cdot \sin\alpha$ [23)], da N_y groß und α klein ist. Im ersten Moment nach dem Anlaufen trägt also besonders $e_{1\beta}'$ zusammen mit der Kommutierungs-E.M.K. zu einer großen Belastung des Kollektors bei. Die Unterbrechungs- (Kummutierungs-) E.M.K. ist nicht sinusförmig und hat eine mit der Umdrehungzahl des Motors veränderliche Periodenzahl, kann deshalb nicht durch eine der E.M.K.K. e_β kompensiert werden.

Bei steigender Tourenzahl dreht sich, wie gezeigt, der Vektor des Feldes N_y immer mehr nach links und die E.M.K.K. $e_{1\beta}$ und $e_{2\beta}'$ sowie $e_{2\beta}$ und $e_{1\beta}'$ werden paarweise mehr und mehr einander entgegenwirken (Fig. 23). Wenn N_y jetzt in die positive m-Richtung fallen würde, welches nach Gleichung 22) eintritt, wenn

$$\frac{n}{\nu} = \frac{N_{0y}}{N_{0x}},$$

so würde

1. nach Gleichungen 24) und 25) $e_{2\beta} = e_{1\beta'}$ sein, denn $N_{0x} . n = N_{0y} . \nu$.

2. $e_{1\beta}$ und $e_{2\beta'}$ entgegengesetzt gerichtet sein und folglich einander aufheben, wenn $e_{1\beta} = e_{2\beta'}$, oder nach 23) und 26)

$$\frac{n}{\nu} = \frac{N_{0x}}{N_{0y}}.$$

In diesem Falle würden $n = \nu$ und $N_{0x} = N_{0y}$ sein, und da außerdem N_y in die m-Richtung fällt und somit gegen N_x um

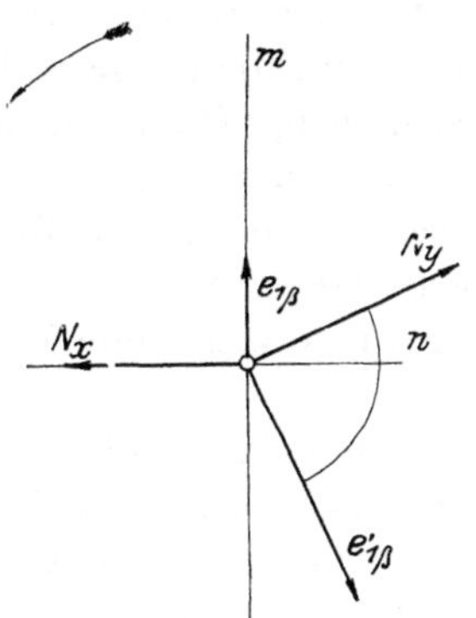

Fig. 22.

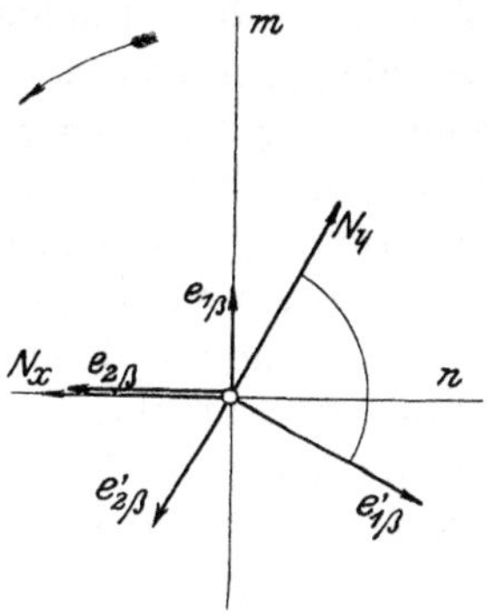

Fig. 23.

90⁰ zeitlich verschoben ist, bedeutet dies, daß **die Kompensation der Kurzschlußenergie eintritt, wenn der Anker in einem homogenen Drehfeld und nahe bei Synchronismus läuft.** Gleichzeitig ist aber auch nach oben Gesagtem die Induktanz des Ankers aufgehoben, und der Motor arbeitet somit unter diesen Bedingungen mit sogenannter „idealer Kompensation“. Obwohl hierbei sowohl Phasenverschiebung als auch Kommutierungsenergie Minima erreichen, ist die Kompensation beider Größen aber keineswegs vollkommen, da eine gewisse Phasenverschiebung zufolge der primären und sekundären Streuung sowie die gesamte Kommutierungsenergie noch vorhanden ist. Wie bereits erwähnt, ist es nur ausnahmsweise möglich, den Motor synchron laufen zu lassen wegen der bei kleiner Polzahl zu hohen Geschwindigkeit und vor allem wegen des niedrigen Drehmomentes bei Synchronismus. Ist $N_{ox} = N_{oy}$ bei Synchronismus, so ist das Drehmoment $= 0$ oder negativ. Es ist somit klar, daß eine ideale Kompensierung im Betriebe mit Repulsionsmotoren nicht erreichbar ist, aber jedenfalls wird der Kollektor bei erhöhter Geschwindigkeit mehr und mehr entlastet, und zwar desto mehr, je mehr sich das Feld einem reinen Drehfelde nähert. Um die Entstehung eines Drehfeldes zu begünstigen, sollte demnach das Statoreisen gleichmäßig um den Anker verteilt sein. Das Vorhandensein von Polansätzen würde außerdem zu einer zu großen primären Streuung Veranlassung geben.

Als besondere Nachteile des einfachen Repulsionsmotors müssen die große Phasenverschiebung beim Anlauf, die schlechte Kommutierung bei niederer und das niedrige Drehmoment bei höherer Umlaufzahl betrachtet werden. Die starke Abnahme der Tourenzahl bei Belastungssteigerung kann durch Regulierung der Primärspannung kompensiert werden; um den anderen genannten Mängeln abzuhelfen, hat man verschiedene Mittel in Anwendung gebracht.

Eine Änderung der elektrischen und magnetischen Eigenschaften eines Kollektormotors kann außer mit den Mitteln, die bei dem kollektorlosen Induktionsmotor in Frage kommen (Anbringen verschiedener durch Stromzuführung oder Induktion erregter Wicklungen am Stator), noch durch Einleiten von Strömen in den Anker oder durch Regulierung der aus dem Anker genommenen Ströme geschehen, wie es eben das Vorhandensein des Kollektors ermöglicht. Solche Mittel sind auch benutzt bei den Abänderungen, die von Déri, Latour, Atkinson, Schüler, Winter-Eichberg und anderen vorgeschlagen und zum Teil mit gutem Resultat verwendet worden sind.

Wir wollen zuerst einige Motortypen erwähnen, bei denen ausschließlich durch Änderung der Bürstenanordnung neue Betriebseigenschaften gewonnen werden.

Thomson-Repulsionsmotor mit breiten Bürsten.

E. Thomson hat zur Verstärkung des „motorisch wirkenden Feldes“ die Anordnung Fig. 24 vorgeschlagen. Mehrere untereinander verbundene Bürsten liegen bei diesem Motor so nebeneinander, daß sie zusammen etwa $^1/_4$ des Kollektorumfanges (unter jedem Pol) kurzschließen. Das Querfeld wird in diesem Falle hauptsächlich von den Kurzschlußwindungen unter den Bürsten erzeugt, und der Winkel α (Fig. 24) kann somit klein oder sogar gleich 0 gemacht werden.

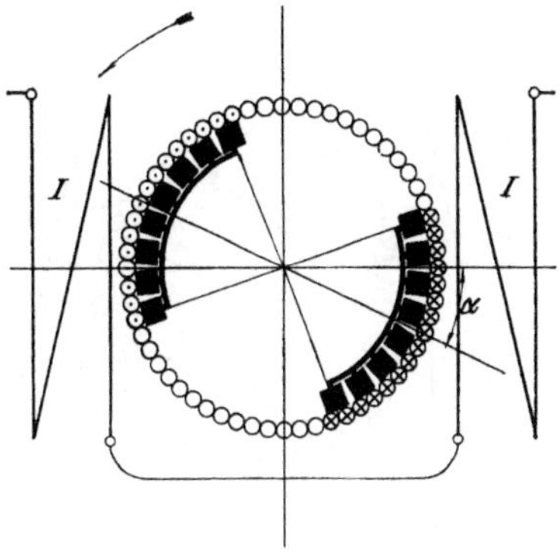

Fig. 24.

Ob aber diese Abänderung des Repulsionsmotors als eine Verbesserung angesehen werden kann, ist sehr fraglich, denn wenn auch nur eine kleinere Spannung am Anker kurzgeschlossen wird, und die Kommutierung somit erleichtert wird, so fallen andererseits die größeren Reibungsverluste und das Herabsetzen der nützlichen Ankerströme (hier Kurzschlußströme) durch den Bürstenwiderstand als Nachteile schwer ins Gewicht. Die öfters ausgesprochene Behauptung, daß bei diesem Motor „keine schädlichen Kurzschlußströme“ vorhanden sind, ist falsch. Die schädliche Wirkung dieser Ströme ist hier genau so groß wie sonst, nur kommt noch eine Nutzwirkung derselben hinzu. Zwar kann an Ankerkupfer etwas gespart werden, da die Windungen nur während einer kürzeren Zeit bei jeder Umdrehung voll belastet sind, aber dafür muß der Kollektor größer gemacht werden, und im ganzen scheint diese Type also nur wenige Vorteile vor dem gewöhnlichen Repulsionsmotor zu besitzen.

Eine Bürstenanordnung, die der eben beschriebenen sehr ähnelt, wird an dem

Repulsionsmotor nach Latour

verwendet. Auch bei diesem (Fig. 25) wird durch die Bürsten nur ein Teil der Ankerspannung geschlossen. Die Bürsten (gewöhnlicherweise 2 Paar pro Polpaar) sind aber nicht tangential, sondern diametral miteinander verbunden, ähnlich wie

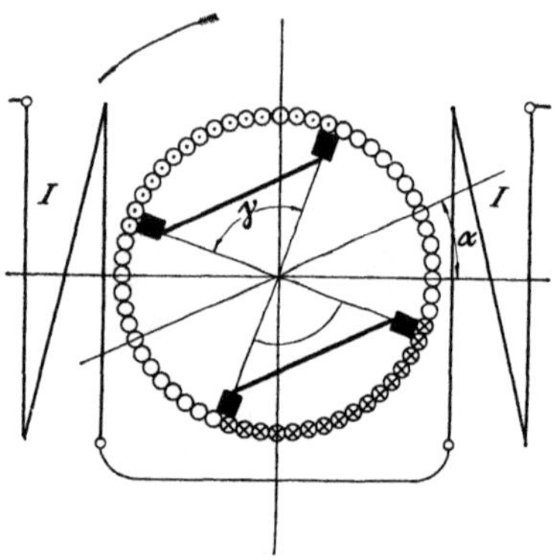

Fig. 25.

bei dem gewöhnlichen Repulsionsmotor, und der Motor unterscheidet sich von diesem außer durch die etwas günstigeren Kommutierungsbedingungen hauptsächlich dadurch, daß er mit kleinerer Neigung (α) der Bürstenachse zur x-Richtung günstig laufen kann. Der Grund hierzu ist folgender.

Wir sahen bei Ableitung des Ausdruckes für das Drehmoment des Repulsionsmotors, daß bei Verkleinerung von α das Anlaufmoment rasch ansteigt, weil dabei D_2 (Gleichung 20)) überwiegt, und daß es somit von Vorteil wäre, den Winkel α nahe an 0^0 zu halten. Da aber bei kleinen Werten von α die Zahl der Querwindungen gering ist, so führt eine kleine Änderung dieses Winkels eine so große Änderung des Momentes mit sich, daß der Betrieb des Motors sehr unstabil und somit praktisch unmöglich gemacht wird. Da aber beim Latourmotor mindestens 4 Bürsten vorhanden sind, ist offenbar die ungenaue Einstellung einer derselben von weniger Bedeutung für den Gang des Motors.

Die Kühlungsverhältnisse des Ankers liegen etwas ungünstiger als beim gewöhnlichen Repulsionsmotor, sonst läßt sich aber leicht zeigen, daß für dasselbe Anlaufmoment die Energieverluste im Ankerkupfer (Fig. 25) $\frac{1}{\sin^2\gamma} \cdot \frac{\gamma}{\pi}$ mal denen des einfachen Motors sind und somit für gewöhnlich hier etwas kleiner ausfallen[1]). Die Reibungsverluste am Kollektor werden größer, da durch das Ausschalten einiger Ankerwindungen für dasselbe Drehmoment die Stromstärke und somit auch die Bürstenfläche größer genommen werden muß.

Zur Kompensierung des Motors führt Latour dem Anker durch die Bürsten Strom von außen zu. Diese Art der Kompensierung deckt sich im wesentlichen mit einer später zu behandelnden (siehe Winter-Eichberg-Motor), und wir wollen deshalb hier nicht weiter darauf eingehen.

Regulierbarer Repulsionsmotor nach Déri.

Den Umstand, daß bei Benutzung mehrerer Bürsten am Kollektor der Repulsionsmotor stabiler läuft, benutzt Déri, um eine Tourenregulierung zu erzielen. Sein Motor (Fig. 26) hat wie derjenige von Latour 4 Bürsten pro Polpaar, von denen aber 2 ($B_1 B_1$) immer in der x-Achse festliegen, während dessen die 2 übrigen ($B_2 B_2$) um gleiche Winkel nach beiden Seiten von dieser Achse aus gerechnet um den Kollektor verschiebbar sind. Da der Anker stets zwischen 2 benachbarten Bürsten $B_1 B_2$ stromlos ist, werden für kleine Winkel α, wenn die Bürsten $B_2 B_2$ z. B. um die Breite einer Ankerspule in die Drehrichtung verschoben werden (Fig. 27a von Stellung 1 zu 2), die Querwindungen um 2 ($= d\,Q$) Spulen vergrößert, die Gegenwindungen um ebensoviel verkleinert, während bei dem gewöhnlichen Repulsionsmotor (Fig. 27b) bei gleicher Bürstenver-

1) Siehe auch: Danielson, „Die günstigste Anordnung von Wicklung und Bürstenstellung bei kompensierten Repulsionsmotoren." E.T.Z. 1905, S. 322.

schiebung die Querwindungen um 4 Spulen vergrößert, die Gegenwindungen um 4 verkleinert werden. Eine gleich große Bürstenverschiebung verursacht also beim Dérimotor eine

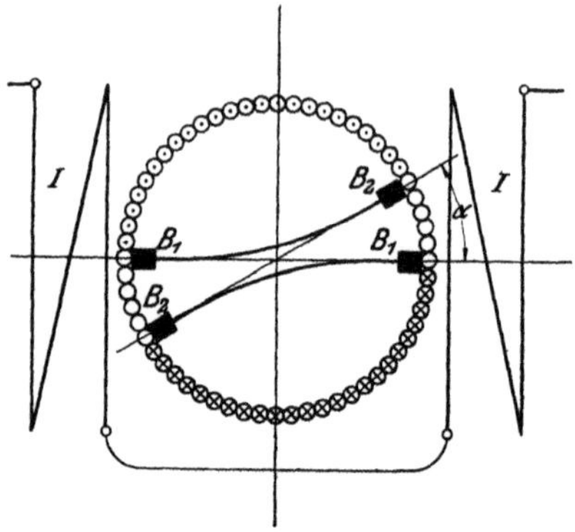

Fig. 26.

Änderung des Verhältnisses zwischen den Amperewindungen, die (für kleine Werte von α) nur halb so groß ist, und das Drehmoment bezw. die Tourenzahl des Motors kann folglich mit etwa der doppelten Genauigkeit durch Verschieben der Bürsten eingestellt werden und mit geringerer Gefahr, daß die

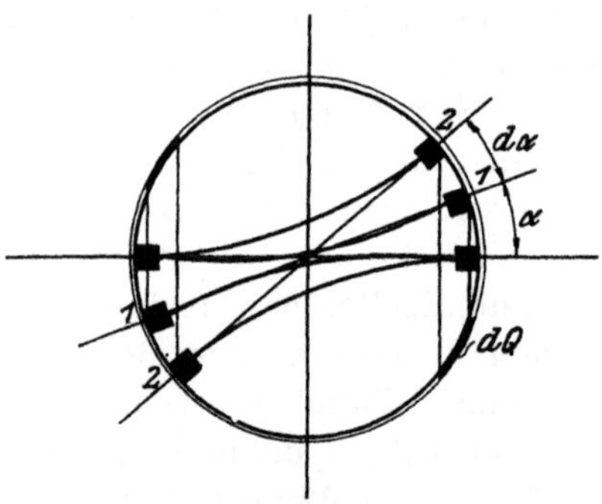

Fig. 27 a.

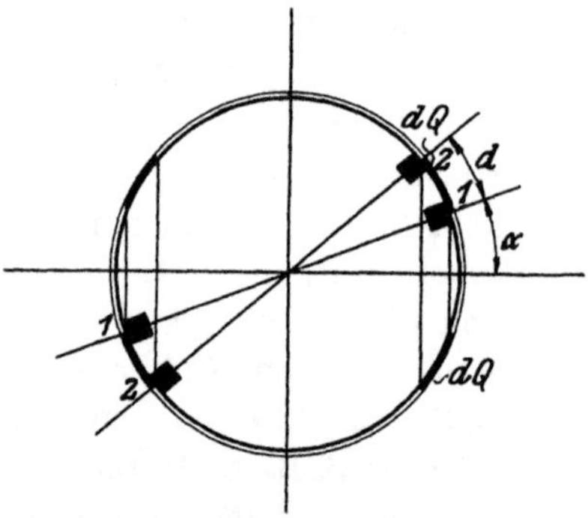

Fig. 27 b.

Stellung, welche dem maximalen Wert des Drehmomentes entspricht, bei einer kleinen Änderung der Bürstenstellung überschritten wird. Der Motor kann auch deshalb im Gegensatz zum gewöhnlichen Repulsionsmotor **bei dieser günstigen Bürstenstellung arbeiten**, welches von noch größerer Bedeutung ist als die Möglichkeit der Tourenregulierung.

Die Betriebseigenschaften im übrigen sind dieselben wie bei dem Repulsionsmotor, und es gilt hier bezüglich Reibungsverluste am Kollektor und Kühlung des Ankers dasselbe wie beim Latourmotor.

Obwohl durch Änderung der Bürstenanordnung bessere Kommutierungsverhältnisse, stabilerer Gang bei günstigster Bürstenstellung sowie eine allerdings nicht sehr ökonomische Tourenregulierung beim Einphasen-Induktionsmotor erreicht werden können, bleiben Wirkungsgrad und Leistungsfaktor im wesentlichen für jede dieser Anordnungen dieselben. Dies ist auch zum größten Teil der Fall bei den Kollektormotoren, die von Atkinson ersonnen sind, und welche im allgemeinen mit komplizierteren Mitteln arbeiten. Diese Atkinsonmotore haben aber insofern Bedeutung, als sie für die Konstruktion vollkommenerer Motore als Type gedient haben.

Ich werde hier, um den Entwicklungsgang erkennen zu lassen, die in dieser Beziehung interessantesten kurz behandeln.

Atkinsonmotore.

Form I ist ein Motor mit zerlegter Statorwicklung nach Fig. 28. Der Winkel α zwischen der Bürstenachse und der Achse des Hauptfeldes N_x ist 90^0, und im Anker würde somit bei Stillstand (Gleichung 18)) kein Strom fließen, wenn nicht die Wicklung II durch ihr Feld N_y auch induzierend als „Kunstphase“ wirkte. Wenn jetzt z. B. durch Regulierung des zur Wicklung II parallel geschalteten Widerstandes R das Feld N_y so viel in seiner Phase nach dem Felde N_x kommt, daß der nicht ganz 180^0 nach dem Strome in II eilende Ankerstrom J genau 180^0 Phasenverschiebung gegen Feld N_x erhält, so sind offenbar die möglichst günstigen Anlaufsbedingungen insofern geschaffen, als das treibende Feld N_x in Phase mit den Ankerströmen ist. Das Anlaufmoment ist somit nach Gleichung 19) oder 20):

$$D = \frac{z}{2} \cdot \frac{2}{\pi} \cdot J \cdot \frac{N_{x\,max}}{\sqrt{2}} \cdot 10^{-1} \text{dyne} \times \text{cm}.$$

Da die Wicklungen I und II in Serie geschaltet sind, wäre der Regulierwiderstand überflüssig, wenn die primäre und sekundäre Streuung hinreichend groß wären, um dem resultierenden Ankerfelde N_y 90^0 Phasenverschiebung gegen den Primärstrom in Wicklung II zu geben, denn dann würden die Ströme J, die in Phase mit ihrer E.M.K. sind, auch ohne daß der Nebenschluß R vorhanden wäre, 180^0 gegen N_x verschoben sein. Um aber nicht den Leistungsfaktor herabzudrücken, welcher sonst sowohl bei Anlauf als bei Lauf dem des Repulsionsmotors gleichkommt, baut man zweckmäßiger den Motor für möglichst kleine Streuung und nimmt den Energieverlust im Regulierwiderstande mit in Kauf.

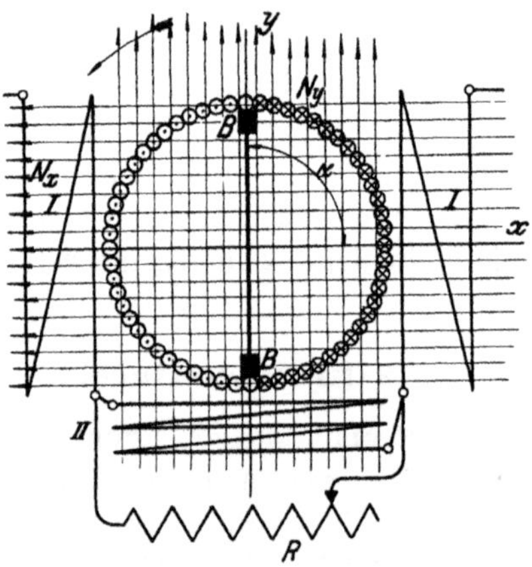

Fig. 28.

Eine Tourenregulierung ist wie sonst durch Spannungsregulierung zu erzielen, außerdem aber ein Reversieren des Motors durch Änderung der Stromrichtung in einer der Wicklungen I oder II.

Bei Lauf des Motors (Fig. 29 und 30) könnte jetzt das Feld II, welches zusammen mit dem Ankerfelde den Kraftfluß N_y bildet, so eingestellt werden, daß bei der normalen Belastung N_y in die m-Richtung fiele, und die bestmögliche Kommutierung stattfände, d. h. (da $e_{2\beta}$ und $e_{1\beta'}$ beide gleich 0) $e_{1\beta} = e_{2\beta'}$ oder

$$\nu \cdot N_{ox} = n \cdot N_{oy} \therefore \frac{N_{oy}}{N_{ox}} = \frac{\nu}{n},$$

oder aber so, daß eine möglichst gute Phasenkompensierung

erreicht würde, welches bei einer Tourenzahl, die etwas höher liegt als

$$n = \frac{N_{oy}}{N_{ox}} \cdot \nu$$

(um für die Streuung zu kompensieren), der Fall sein würde. Beides läßt sich auch hier nur bei Synchronismus gleichzeitig

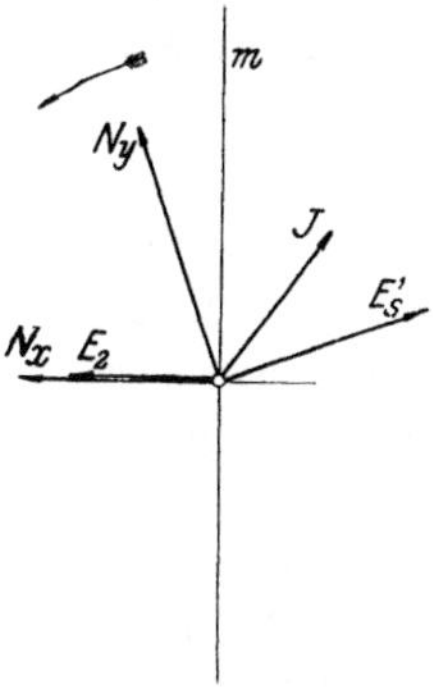

Fig. 29.

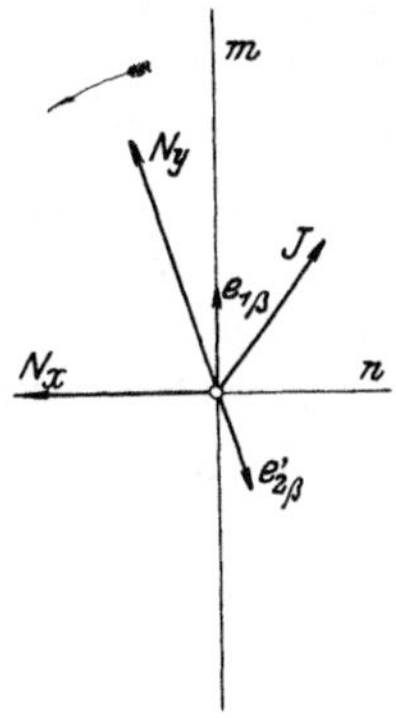

Fig. 30.

erreichen. In der Tat kann man sich ja die Felder I und II in ein einziges zusammengefaßt denken, welches dann mit seiner Achse einen spitzen Winkel gegen die Bürstenachse BB

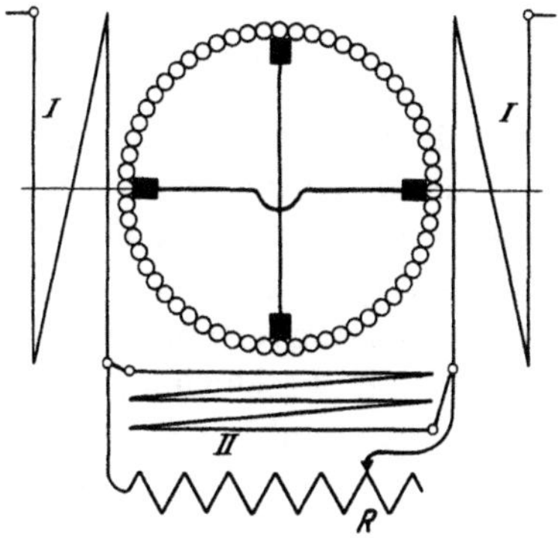

Fig. 31.

bildet und zu seiner Wirkung demnach vollkommen dem Felde N_x des gewöhnlichen Repulsionsmotors gleichkommt, und es ist daher klar, daß der Atkinsonmotor keine wesentlich anderen Eigenschaften haben kann als jener. Es ist natürlich möglich, anstatt des Widerstandes R einen Kondensator zur Verbesserung des Leistungsfaktors einzuschalten.

Wenn die Form I des Atkinsonmotors als ein Repulsionsmotor mit Phasenregulierung des Querfeldes bezeichnet werden kann, so könnte man analog, die

Form II auffassen als Asynchronmotor mit ebensolcher Regulierung. Der Kollektor (Fig. 31) ist sowohl in der x-Richtung wie in der y-Richtung kurz geschlossen, und da der asynchrone Induktionsmotor sich ja nach Gleichungen 3) und 4) genau so verhält wie ein mit einem solchen Bürstenkurzschluß versehener Kollektormotor, so liegt der einzige Unterschied in der obenerwähnten Regulierung von N_y sowie in der Möglichkeit, hier den Widerstand in x- und y-Windungen des Rotors beliebig verändern und deren Achsen

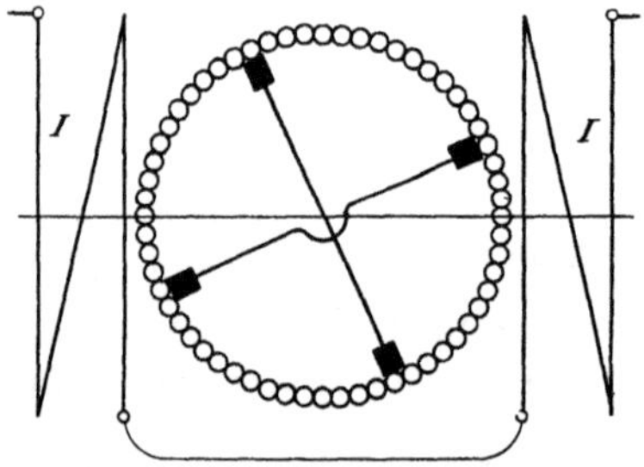

Fig. 32.

durch Bürstenverschiebung verstellen zu können. Durch die Phasenregulierung in der Primärwicklung II kann man offenbar erreichen, daß der Motor mit dem großen Anlaufmomente des Repulsionsmotors angeht (dasselbe könnte übrigens durch Unterbrechung einer Bürstenverbindung oder durch Verschiebung des Bürstenkreuzes geschehen), und daß er bei Lauf höheren Leistungsfaktor und größere Überlastungsfähigkeit erhält. Hierbei liegen die Verhältnisse der Querfeldregulierung ähnlich wie beim Steinmetzmotor.

Im allgemeinen dürfte aber diese Art der Querfeldänderung im Verhältnis zu ihrer Kompliziertheit zu wenige Vorteile bieten, als daß die Schaltung nach Fig. 31 sich praktisch bewähren würde. Wenn man die Wicklung II wegläßt und anstatt dessen sich mit der Möglichkeit der Querfeldregulierung, welche die Schaltung nach Fig. 32 bietet, begnügt (das Bürstenkreuz um α^0 verstellt), so bekommt man einen Motor, der zwar schlechte Kommutierung und große Phasenverschiebung beim Anlauf sowie beträchtliche Bürstenreibung besitzt, aber sonst das hohe Anlaufmoment des Repulsionsmotors mit der fast konstanten Tourenzahl des Asynchronmotors im Betriebe vereinigt, eine gewisse Tourenregulierung (durch Veränderung des Kurzschlußwiderstandes) zuläßt und, weil er nahe Synchronismus läuft, eine gute Kommutierung hat.

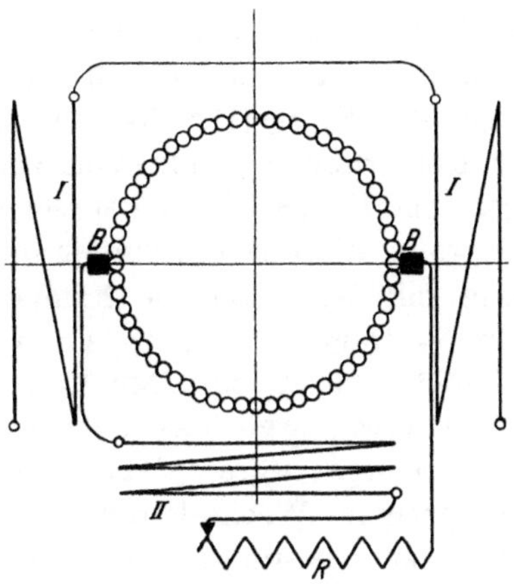

Fig. 33.

Form III. Eine vorher nicht behandelte Art der Felderregung, nämlich durch Strom vom Anker, finden wir beim Atkinsonmotor Form III (Fig. 33). Zwischen den Bürsten BB, deren Achse in der x-Richtung liegt (der Winkel $\alpha = 0^0$), induziert zunächst das Feld N_x durch ruhende Induktion eine Spannung E_1, die zur Erregung einer um 90^0 gegen die Hauptspulen I des Stators versetzten Wicklung II dient.

Das von dieser Wicklung erzeugte treibende Feld N_y erhält somit dieselbe Phase wie die Ankerströme, und da die Bürsten senkrecht zur Richtung von N_y stehen, entsteht ein hohes Drehmoment. Allerdings ist beim Angehen, wenn nicht ein Widerstand R in den Ankerkreis geschaltet wird, die Phasenverschiebung im Anker, der ja auf den induktiven Widerstand der Wicklung II arbeitet, eine ganz beträchtliche, ohne daß diese Phasenverschiebung (wie beim gewöhnlichen Repulsionsmotor) für den Anlauf günstig wirkt. Der durch diese Phasenverschiebung bedingte verhältnismäßig hohe Anlaufstrom kann, wenn man nicht den Energieverlust scheut, durch Verwendung des Widerstandes R als Anlasser herabgedrückt werden.

Bei Rotation des Ankers treten dieselben E.M.K.K. auf wie beim Repulsionsmotor, denn das Querfeld ist zwar hier nicht durch die Ankerwindungen selbst erzeugt, aber doch in Phase mit den Ankerströmen wie auch bei diesem der Fall. Da indessen der Winkel $\alpha = 0$ ist, sind die E.M.K.K. in der y-Richtung totgelegt, d. h. können keinen Strom durch die Ankerwindung treiben. Zu der durch Induktion der Ruhe von N_x erzeugten E.M.K. E_1 (Fig. 34) tritt noch im Bürstenstromkreis die durch (ruhende) Induktion von N_y in der Wicklung II hervorgerufene E.M.K. E_s', entsprechend der Induktanz der Wicklung II, und die durch Rotation in N_y erzeugte E_3, letztere in Phase mit N_y. Da die kompensierende E.M.K. E_2 in Phase mit N_x totgelegt ist, so kann eine Aufhebung der E.M.K. E_s' nicht stattfinden. Der Motor wird aus diesem Grunde und nicht etwa, weil das Feld N_y als „sekundäres Streufeld" zu betrachten wäre (siehe E.T.Z. 1904, Heft 1, Osnos: Die einphasigen Wechselstrom-Kommutator-Motoren), immer mit schlechtem Leistungsfaktor arbeiten, obwohl die Ankerwicklung selbst keine Induktanz besitzt.

Die Kommutierung der Kurzschlußströme ist, da die Bürsten an der vollen Ankerspannung liegen, etwas ungünstiger als beim Repulsionsmotor, denn man braucht hier zwar für dasselbe Drehmoment weniger Strom, aber die Spannung am Kollektor ist um ein beträchtliches höher, weil die Bürsten nicht mehr kurz geschlossen sind. Diesem Motor zugute kommt indessen der Umstand, daß die Schwierigkeit des Kommutierens von Niederspannung nicht durch die aus dem Kollektor genommene (Volt-Ampere-)Leistung gegeben, sondern hauptsächlich durch die Stromstärke pro Ankerdraht gemessen wird.

Die in den kurzgeschlossenen Windungen induzierten E.M.K.K. sind nach Gleichung 24) und 25) für $\alpha = 0$ $e_{2\beta}$ und $e_{1\beta'}$ (Fig. 35), welche sich gegenseitig aufheben könnten, wenn N_y in die m-Richtung fiele. Dies ist aber nicht möglich, da, wie oben bemerkt, die Phasenverschiebung im Anker nicht aufgehoben werden kann.

Eine Tourenregulierung ließe sich mittels R in unökonomischer Weise vornehmen und Reversieren, durch Umkehrung der Feldrichtung in Spule II.

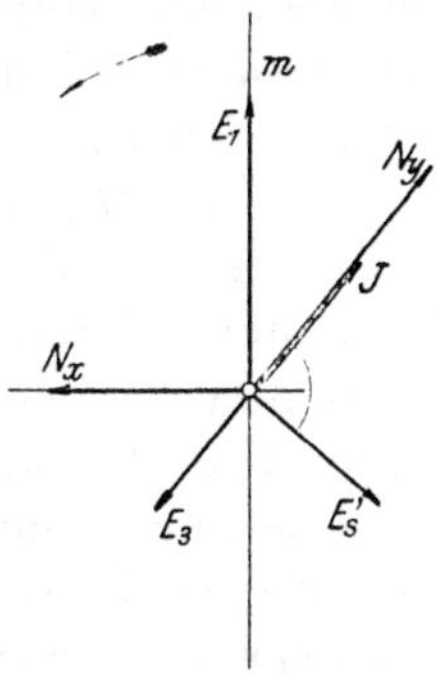

Fig. 34.

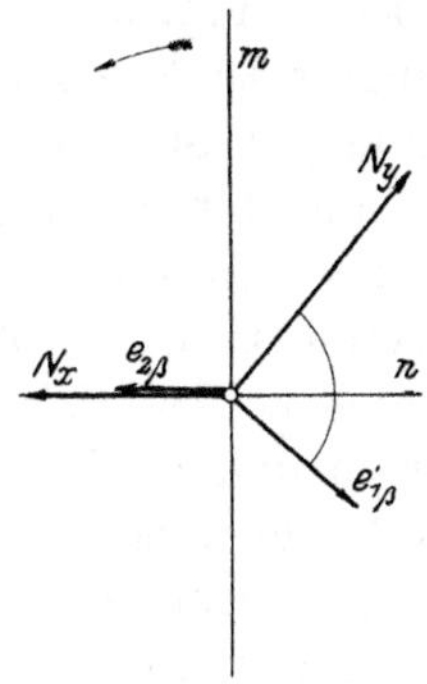

Fig. 35.

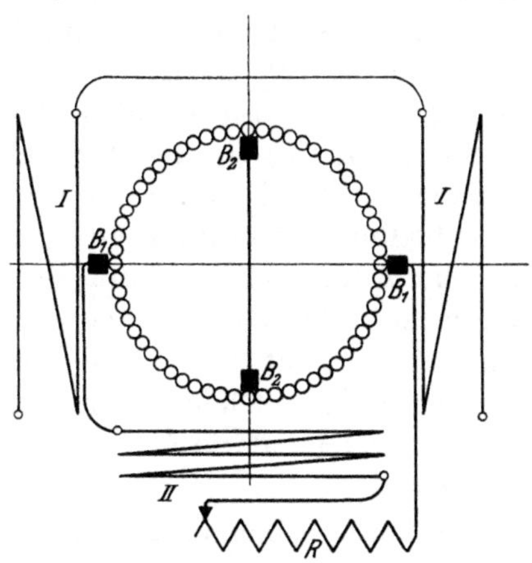

Fig. 36.

Es ist aus den Ergebnissen für Form III besonders deutlich zu ersehen, daß ein Induktionsmotor mit Kollektor immer B ü r s t e n i n d e r Q u e r f e l d a c h s e haben muß, um die Induktanz im Ankerstromkreis und die Kurzschlußenergie bei praktisch brauchbarer Tourenzahl kompensieren zu können.

Durch Anbringen solcher kurzgeschlossenen Bürsten (B_2 B_2 Fig. 36) am Kollektor des Motors Form III kommt man auf

Form IV des Atkinsonmotors. Beim Anlauf liegen die Verhältnisse hier genau so wie bei dem eben besprochenen Motor, nur kommt hier zu dem Drehmoment der x-Windungen im Felde N_y noch das der y-Windungen im Felde N_x hinzu. Das Bild für die Richtungen der E.M.K.K. in den Ankerstromkreisen ist in Fig. 37 dargestellt, um aber den Vorgängen im Anker näher zu kommen, wollen wir in diesem Falle wieder die x- und y-E.M.K.K. getrennt jede für sich betrachten. Es wurde schon darauf hingewiesen, daß dies zulässig ist, da die Ströme der senkrecht aufeinanderstehenden Windungen sich nicht beeinflussen, obwohl sie in Wirklichkeit durch dieselben Drähte fließen. Die E.M.K.K. der x-Windungen sind E_{1x} und E_{3x}, die in den y-Windungen E_{2y} und E'_{sy} (Fig. 37).

Wir haben hier in dem Anker das genaue Äquivalent zu einem Transformator, dessen primäre Ströme (in Wicklung II fließend) die x-Ströme sind, und welcher sekundär mit den y-Strömen belastet ist. Daß die primären (x-)Ströme an sich wieder von der eigentlichen Primärwicklung I des Motors aus erzeugt werden, tut nichts zur Sache.

Die x-Windungen des Ankers haben hier keine Selbstinduktion, aber die Wicklung II, durch welche die x-Ströme fließen, hat eine gewisse, zum Teil durch die Streuung zwischen II und dem Anker bedingte Induktanz und, solange der Anker noch stillsteht, hohe Admittanz. Sobald der Anker aber in Gang kommt, entwickelt sich E_{3x}, welche eine Komponente in der negativen n-Richtung hat und somit der Induktanz der Wicklung II entgegenwirkt. Gleichzeitig tritt auch sekundär die E.M.K. E_{2y} auf, welche darauf hinarbeitet, die y-Ströme voreilend zu machen.

Es ist E'_{sy} die durch ruhende Induktion (Transformator-Wirkung) in den y-Windungen erzeugte E.M.K. (siehe 18))

$$E'_{sy} = 2 \cdot \nu \cdot \frac{N_{oy}}{\sqrt{2}} \cdot z \text{ Volt}$$

wo z die Stabzahl am Ankerumfang ist. Weiter ist

$$E_{2y} = 2 \cdot n \cdot \frac{N_{ox}}{\sqrt{2}} \cdot z,$$

und somit würden sich diese beiden E.M.K.K. aufheben und die y-Windungen stromlos werden, wenn $N_{oy} . \nu = N_{ox} . n$ und außerdem N_y in die positive m-Richtung fiele. Dieser Fall kann aber auch hier nicht eintreten, denn je kleiner die sekundären, d. h. die y-Ströme werden, desto größer wird die Induktanz der Wicklung II und folglich auch die Phasenverschiebung zwischen der resultierenden x-E.M.K. und dem jetzt fast allein von den x-Strömen erzeugten Felde N_y. Die voreilende Komponente (in der negativen n-Richtung) von E_{3x} trägt nur wenig zur Vorwärtsdrehung des Vektors N_y bei, weil sie ja proportional dem Sinus (E_{1x}, N_y) ist und somit dann gleich 0 sein würde, wenn N_y in die Richtung der positiven m-Achse fallen würde.

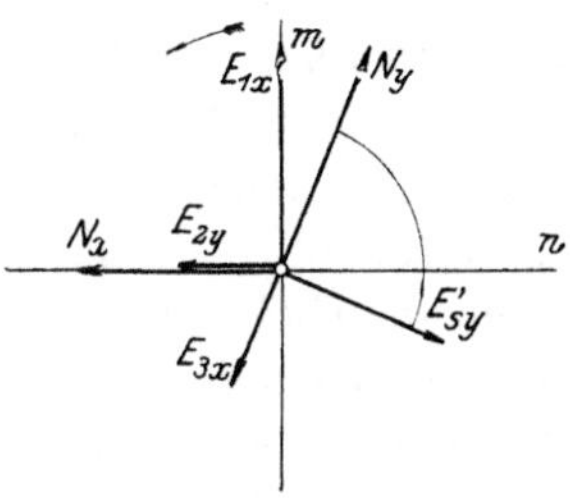

Fig. 37.

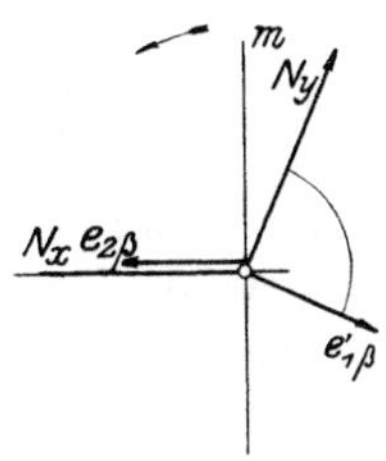

Fig. 38.

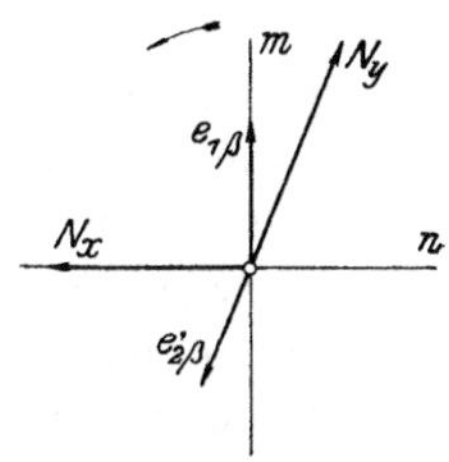

Fig. 39.

Wir haben also bei dieser Schaltung des Kollektormotors sowohl in den x-Windungen wie in den y-Windungen des Ankers E.M.K.K., welche kompensierend gegen die Phasenverschiebung wirken, aber durch Einführung der vom Anker gespeisten Wicklung II wird es unmöglich, eine nur annähernd vollkommene Kompensierung zu erhalten. Es bedarf aber, wie gleich gezeigt werden soll, nur einer verhältnismäßig unbedeutenden Abänderung dieses Motors, um auf den in bezug auf Kompensierung sehr vollkommenen Winter-Eichberg-Motor zu kommen. Es ist schon jetzt ohne weiteres zu ersehen, daß diese Abänderung der Schaltung daraufhin wirken muß, die Phase von N_y möglichst in die Richtung der E.M.K. E_{1x} zu drehen.

Über die Kompensierung der Kurzschlußströme unter den Bürsten sei noch folgendes bemerkt:

Unter den Bürsten $B_1 B_1$ tritt (Fig. 38) nach Gleichungen 24) und 25) die Wirkung der E.M.K.K. $e_{2\beta}$ und $e_{1\beta'}$ auf, welche einander aufheben würden, wenn $N_{oy} . \nu = N_{ox} . n$ und N_y in die positive m-Richtung fallen würde. Dies sind aber ganz dieselben Bedingungen wie für das Verschwinden der y-Ströme. Wenn folglich diese zwei Bedingungen erfüllt werden können, läuft der Motor

1. mit stromlosen y-Windungen,

2. also ohne Kommutierungsströme unter den Bürsten $B_2 B_2$ und

3. mit „idealer Kompensierung" der Kurzschlußenergie unter $B_1 B_1$.

Die E.M.K.K. $e_{1\beta}$ und $e_{2\beta'}$ (Fig. 39), welche in den durch die Bürsten $B_2 B_2$ kurzgeschlossenen Ankerspulen durch Induktion der Ruhe und der Rotation entstehen, könnten einander nur aufheben, wenn (siehe Gleichungen 23) und 26)) erstens $e_{1\beta} = e_{2\beta'} \because N_{ox} \cdot \nu = N_{oy} \cdot n$, zweitens aber wie vorher N_y in der positiven m-Richtung läge. Diese zweite Bedingung stimmt mit der eben für die Kompensation gefundenen überein, die erste aber nur dann, wenn $n = \nu$ und $N_{ox} = N_{oy}$ gemacht werden könnten. Auch wenn die y-Ströme hierbei nicht verschwinden würden, hätte man somit bei Synchronismus vollkommene Kompensation im Anker. Oberhalb oder unterhalb synchroner Umdrehungzahl könnte hier aber eine Verbesserung der Kommutierungsverhältnisse eines Bürstenpaares offenbar nur durch Verschlechterung der Verhältnisse des anderen Paares erzielt werden.

Da das positive Drehmoment im allgemeinen gegen Synchronismus abnimmt, so verhält sich dieser Motor, obwohl er zwei senkrecht aufeinanderstehende Bürstenpaare hat, in bezug auf Tourenvariation nicht so wie der Asynchronmotor, sondern hat vielmehr die Tourencharakteristik eines Hauptschlußmotors. Eine Umkehrung der Drehrichtung ist, wie ohne weiteres ersichtlich, durch Umschalten einer Wicklung (I oder II) für entgegengesetzte Stromrichtung möglich.

Obwohl diese 4. Form des Atkinsonmotors ziemlich kompliziert ist und sich dennoch durch keine höheren elektrischen Eigenschaften auszeichnet, steht sie in der Tat sehr nahe an dem bei allen Tourenzahlen phasenkompensierten Motor, d. h. dem vollkommensten aller Induktionsmotore. Wir werden jetzt sehen, wie durch Einführen einer Querfeld-Regulierung die latenten Kompensierungsmöglichkeiten des Atkinsonmotors ausgelöst werden.

Winter-Eichberg-Motor.

Bei dem Motor von Winter und Eichberg wird erstens das Querfeld N_y fast in Phase mit den x-Strömen gehalten, fällt somit in die m-Richtung, zweitens kann die Stärke von N_y reguliert werden.

Wie die Skizze (Fig. 40) einer zweipoligen Anordnung dieses Motors zeigt, sind die x-Windungen des Ankers durch die Hauptbürsten B_1 B_1 geschlossen. Das Querfeld wird von den y-Windungen selbst erzeugt, indem durch die Bürsten B_2 B_2 in diese Windungen Strom von einem außerhalb des Stators

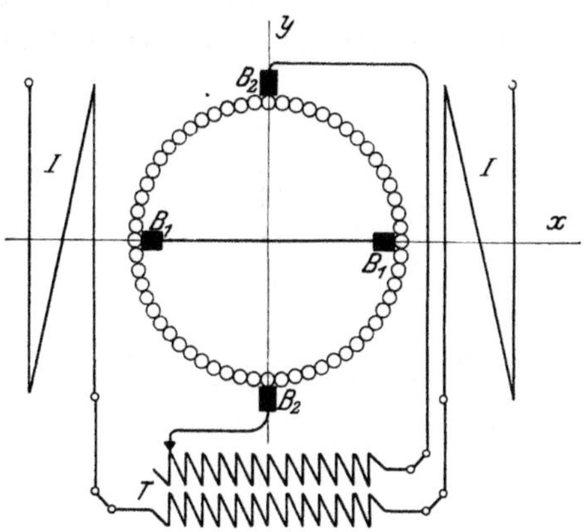

Fig. 40.

befindlichen Transformator T eingeführt wird. Dieser Transformator ist primär mit der Statorwicklung (I) in Serie geschaltet und liefert folglich sekundär einen Strom, welcher etwa 180° Phasenverschiebung gegen den Primärstrom des Motors hat. Dies ist aber auch die Phasenverschiebung, welche zwischen dem Primärstrome und den in der x-Wicklung durch die E.M.K. E_{1x} hervorgerufenen Ströme vorhanden ist. Es liegt somit auf der Hand, daß der Winter-Eichberg-Motor im Prinzip nichts anderes ist als die Form IV des Atkinsonschen Motors, bei welchem ja auch das Querfeld bei sonst ähnlicher Bürstenanordnung in Phase mit den x-Strömen gehalten wurde. Infolge dieser Ähnlichkeit ist es auch gerechtfertigt, den Winter-Eichberg-Motor unter die Induktionsmotore zu rechnen, obwohl in der Tat die motorisch wirkenden Ströme (in den y-Windungen) nicht von einer Statorwicklung im Anker induziert, sondern von außen her durch die Bürsten B_2 B_2 zugeführt werden. Der große Vorteil gegenüber der Atkinsonschen Form liegt darin, daß die y-Ströme, somit auch das Querfeld, zwangsweise durch die magnetische Kuppelung im Transformator T von den Statorströmen reguliert werden, und zwar so, daß die Phasenverschiebung etwa 180^0 beträgt. Im Diagramm Fig. 41 ist N_y, wie ersichtlich, fast in die positive m-Richtung fallend gezeichnet. Die kleine Abweichung von dieser Richtung rührt von dem Umstande her, daß die Magnetisierungsstromstärke des Transformators T nicht so klein ist, daß die Phasenverschiebung zwischen Primär- und Sekundärströmen $= 180^0$

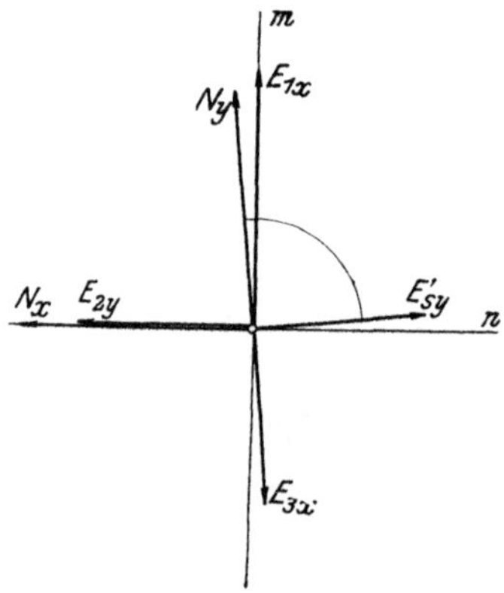

Fig. 41.

wird. Sehen wir aber von dieser sehr kleinen Abweichung ab, so erhalten wir in Analogie mit den Formeln für den eben behandelten Atkison-Motor die E.M.K der Induktanz für die y-Windungen.

$$E'_{sy} = 2 \cdot \nu \cdot \frac{N_{oy}}{\sqrt{2}} \cdot z$$

und die in denselben Windungen durch Rotation in N_x erzeugte E.M.K.

$$E_{2y} = 2 \cdot n \cdot \frac{N_{ox}}{\sqrt{2}} \cdot z,$$

welche einander entgegengesetzt gerichtet sind und folglich einander aufheben, sobald $\nu \,.\, N_{oy} = n \,.\, N_{ox}$. Es ist demnach die Möglichkeit gegeben, die Induktanz der y-Windungen des Ankers aufzuheben oder negativ zu machen, oder, was dasselbe bedeutet, man kann oberhalb einer gewissen Tourenzahl des Motors bei konstanten N_{ox}, N_{oy} und ν den Transformator mit voreilenden Strömen belasten und folglich auch den Leistungsfaktor des primären Teiles gegen 1 heraufdrücken. Durch stetige Veränderung von N_{oy} oder N_{ox} könnte dies sogar für jede Tourenzahl erreicht werden. In der Tat wird auch z. B. für den Betrieb elektrischer Bahnen mittels des Winter-Eichberg-Motors der Transformator sekundär mit abschaltbaren Spulen, also mit veränderlichem Übersetzungsverhältnis, gebaut.

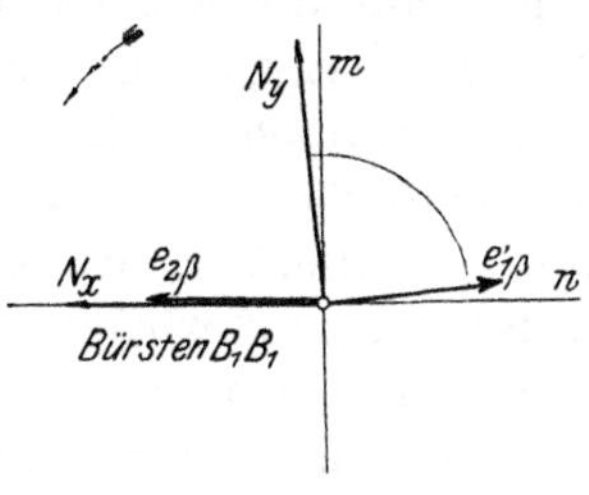

Fig. 42.

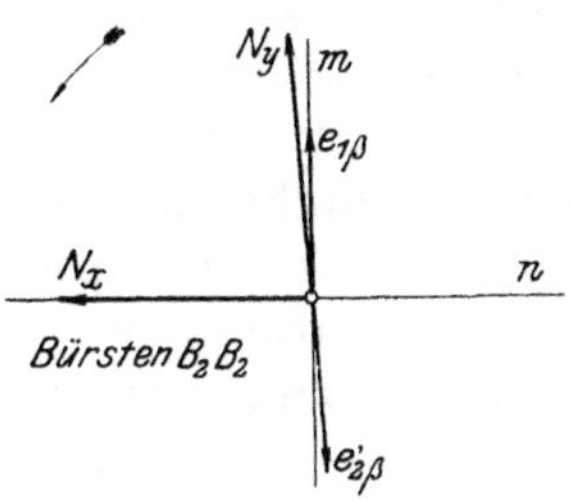

Fig. 43.

Hierdurch wird es möglich, die an den Bürsten B_2 B_2 zugeführte Spannung, folglich auch das Querfeld N_y, der Stärke nach zu regeln. Hat man nicht mit Motoren für hohe Spannung zu tun, steht auch der Regulierung von N_x nichts im Wege.

In den x-Windungen des Ankers tritt nur außer der E.M.K. E_{1x}, welche durch ruhende Induktion des Feldes N_x erzeugt wird, die reine Gegen-E.M.K. E_{3x} auf, die durch Rotation des Ankers in N_y induziert wird.

Betrachten wir jetzt weiter die Kommutierungsverhältnisse (Fig. 42 und 43) so ist hier das erreicht, was bei der Anordnung nach Atkinson nur in unvollkommenem Maße erzielt werden konnte, denn die E.M.K.K. $e_{2\beta}$ und $e_{1\beta}'$, welche durch das Bürstenpaar B_1 B_1 sowohl wie $e_{1\beta}$ und $e_{2\beta}'$, welche durch B_2 B_2 kurz geschlossen werden, wirken einander hier genau entgegen. Es läßt sich aber selbstverständlich auch hier die Bedingung einer guten Kommutierung unter B_1 B_1 oder $e_{2\beta} = e_{1\beta'}$ ∵

$n . N_{ox} = \nu . N_{oy}$ nicht gleichzeitig mit der einer idealen Kompensation für die Bürsten $B_2 B_2$ oder $e_{1\beta} = e_{2\beta'} \because \nu . N_{ox} = n . N_{oy}$ anders als bei Synchronismus und gleich starken Feldern erfüllen. Bei Anlauf des Motors sind die Bürsten B_1 B_1 am stärksten belastet, und um die Kommutierung zu erleichtern, wird in Übereinstimmung mit der Gleichung $n . N_{ox} = \nu . N_{oy}$, da n klein ist, N_{oy} klein gehalten und erst vergrößert, wenn die Strombelastung der Bürsten B_1 B_1, also auch der x-Windungen, durch die Gegen-E.M.K. E_{3x} herabgesetzt worden ist. Selbstverständlich muß man aber sobald die Kommutierungsverhältnisse des Hauptbürstenpaares B_1 B_1 es verlangen, auf eine gute Kompensierung, sowohl der Phasenverschiebung (in der y-Wicklung) wie der Kurzschlußenergie der Bürsten B_2 B_2 verzichten und N_y nur mit Rücksicht auf die Kommutierung bei B_1 B_1 einstellen, wenn der Motor nicht gerade synchron läuft. Dieser Nachteil ist aber, wie wir gesehen, ein für alle Kollektor-Induktionsmotore gemeinschaftliches Übel. Daß der Kollektor sehr viel aushalten muß, ist offenbar, da erstens die Reibungsarbeit durch die vielen Bürsten groß wird, zweitens auch die Kommutierungsenergie für den normalen Betrieb im allgemeinen nicht und die übrige Kurzschlußenergie nur bei einem Bürstensatze verschwindet. Es sind aber dies Nachteile, die bei anderen Kollektormotoren für Wechselstrom noch in höherem Maße auftreten.

Wenn man die bei jeder Tourenzahl sehr vollkommene Phasenkompensierung, die Möglichkeit einer Tourenregulierung und Reversierung (durch Änderung der Stromrichtung in den y-Windungen) sowie den Vorteil eines hohen Wirkungsgrades den dem Motor anhaftenden Nachteilen gegenüberstellt, so muß man erkennen, daß die guten Eigenschaften, die wir von Anfang an als die für die Brauchbarkeit eines Wechselstrommotors ausschlaggebenden bezeichnet haben, hier vereinigt sind, und zwar unter Aufwendung von Mitteln, welche, sobald man sich entschlossen hat, überhaupt einen Kollektor zu verwenden, als relativ einfach betrachtet werden müssen. Ich werde gleich auf die Frage zurückkommen, inwieweit es möglich ist, die dem Winter-Eichberg-Motor anhaftende Kompliziertheit, besonders auch die Benutzung von Kollektor und Erregertransformator, zu vermeiden, will nur zuerst, nachdem wir jetzt gesehen haben, wie weit man mit der Vervollkommnung der asynchronen und Repulsions-Einphasenmotore gekommen ist, einen Motor kurz beschreiben, welcher als

Kombinierter Repulsions-Asynchronmotor

(Fig. 44) bezeichnet werden kann, und dessen Prinzip bei verschiedenen Ausführungsformen von Atkinson, Déri, Arnold, Wagner und Schüler angewendet wurde. Der Stator dieses Motors besitzt für gewöhnlich nur eine einzige Wicklung, der Rotor eine reguläre Gleichstromarmatur mit Kollektor. Von 3 äquidistanten Punkten an dieser Wicklung sind Ableitungen zu 3 auf der Achse befindlichen Schleifringen geführt. Die Bürsten am Kollektor sind unter sich kurz geschlossen und in derselben Weise gegen die Achse des von der Statorwicklung erzeugten Hauptfeldes verstellt, wie es beim gewöhnlichen Repulsionsmotor der Fall ist.

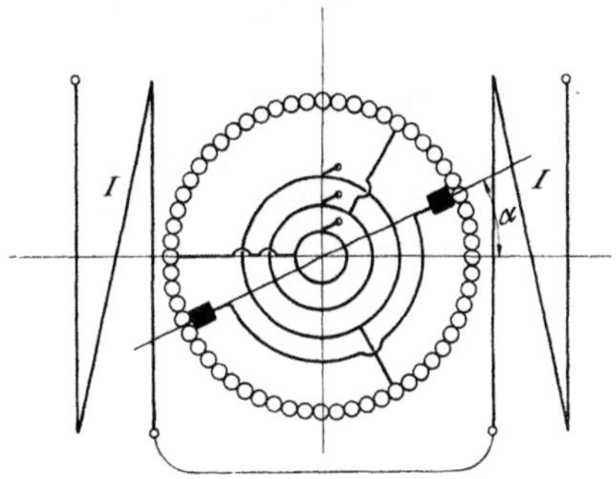

Fig. 44.

Der Motor soll jetzt als Repulsionsmotor anlaufen und dann durch Kurzschließen der 3 Schleifringe als asynchroner Induktionsmotor mit Phasenanker weiter arbeiten. Dieses Kurzschließen der Schleifringe wird am vorteilhaftesten (nach einem Patent von Schüler) allmählich über Widerstände vorgenommen. Während des Anlaufens tritt hierbei also eine kombinierte Wirkung auf, d. h. das Drehmoment setzt sich zusammen aus dem mit steigender Tourenzahl abnehmenden des Repulsionsmotors und dem zunehmenden des Asynchronmotors, bis eine solche Geschwindigkeit erreicht ist, daß letzteres überwiegt, der Motor die fast synchrone Geschwindigkeit annimmt, und der Widerstand zwischen den Schleifringen kurz geschlossen werden kann. Durch dieses Verfahren vermeidet man, daß beim Umschalten von einer Motorgattung zur anderen größere Stromstöße auftreten, oder der Motor aus dem Tritt fällt. Wenn aber einmal der Anlaßwiderstand kurz geschlossen worden ist, so ist der Kollektor stromlos und kann also bei Überlastung des Motors nicht zur Vergrößerung des Drehmomentes durch „Repulsionswirkung" beitragen, wenn nicht für solche Fälle besondere Regulatoren eingebaut sind.

Es ist folglich durch diese Anordnung ein Motor geschaffen, welcher zwar mit großem Drehmoment, aber mit niedrigem Leistungsfaktor anläuft, und welcher keine Phasenkompensierung, einen Wirkungsgrad etwas kleiner als der des Asynchronmotors mit Kurzschlußanker besitzt und ohne Kompensation der Kurzschlußströme unter den Bürsten arbeitet. Die Tourenzahl ist nicht regulierbar und ein Reversieren nur schwer (durch Drehung der Bürsten oder Anbringen einer zweiten Wicklung am Ständer, siehe Repulsionsmotor) zu bewerkstelligen. Dieser Umstand ist jedenfalls sowie die durch Einführung der Schleifringe bedingte große achsiale Breite des Ankers besonders für die Verwendung des kombinierten Motors im Bahnbetriebe von Nachteil.

Vergleich der verschiedenen Motortypen.

Wir haben uns die Frage gestellt: welche Entwicklungsmöglichkeiten besitzt der einphasige Induktionsmotor? Und um dieser Frage näher zu rücken, habe ich gezeigt, zu welchen typischen Formen man gelangt ist bei dem Bestreben, diesem Motor neue wertvolle Eigenschaften abzugewinnen. Durch eine vergleichende Betrachtung der entstandenen Typen wollen wir jetzt prüfen, zu welchen Ergebnissen die angewandten Methoden zur Vervollkommnung dieses Motors geführt haben, um uns darüber Klarheit zu verschaffen, was noch zu verbessern ist, welche Wege dafür offen stehen, und was man durch Einschlagen dieser Wege noch erreichen kann.

Bei einem solchen Vergleich der Betriebseigenschaften verschiedener Motore stoßen wir auf eine gewisse Schwierigkeit, da es gilt, einen gemeinschaftlichen Grund für die Beurteilung des absoluten Wertes eines jeden Motors zu finden. Da ein Vorteil immer nur gewonnen wird durch irgend eine Aufopferung, z. B. Verteuerung, Komplikation, oder sogar durch Herabsetzen einer der rein elektrischen Eigenschaften des Motors, so läßt sich im allgemeinen nicht ohne weiteres sagen, ob der eine Motor besser ist als der andere, wenn nicht gleichzeitig das Verwendungsgebiet der betreffenden Type mit angegeben wird. So müßten wir, wenn wir nur die allergewöhnlichsten Betriebe, in welchen Einphasenmotore Verwendung finden könnten, als zum Antrieb von Generatoren, Arbeitsmaschinen, Hebezeugen und für Bahnen nicht nur jede Unterabteilung dieser Verwendungsgebiete jede für sich ins Auge fassen, sondern auch jede einzelne Eigenschaft des betreffenden Motors auf ihren Wert für jeden Verwendungsbereich prüfen. Ein Vergleich auf dieser Grundlage wäre aber unübersichtlich, mühsam, und könnte vor allem nicht zur Lösung unserer allgemein gestellten Aufgabe führen, denn man könnte durch einen solchen nur zu der Erkenntnis kommen, daß es immer irgend ein Verwendungsgebiet gibt, für welches die betreffende Motortype als gerade geschaffen scheint.

Können wir somit nicht den Vergleich von diesem Gesichtspunkte aus vornehmen, d. h. unter Berücksichtigung des für jeden Motor möglichen Verwendungsgebietes, so steht uns nur noch die Möglichkeit offen, jede Type auf ihre „absolute Güte" zu prüfen, mit anderen Worten mit dem idealen Induktionsmotor zu vergleichen.

Wer sich ungern mit Begriffen wie dem des idealen Motors befaßt, möge sich darunter folgendes vorstellen.

Es handle sich um einen Motor, welcher, mit hochgespanntem, einphasigem Wechselstrom gespeist, ebenso sicher läuft und mit demselben Anlaufmoment, Wirkungsgrad, „Leistungsfaktor" und Tourenregulierung bei Belastung wie ein Nebenschluß- oder Hauptschluß-Gleichstrommotor für Niederspannung. Jener könnte dann in bezug auf elektrische Eigenschaften als der ideale Einphasenmotor angesehen werden. Durch die Bestimmung, daß der Motor bei Hochspannung sicher arbeiten soll, ist gewissermaßen der ursprünglichsten Eigenschaft des Induktionsmotors Rechnung getragen, die anderen Bedingungen sind, wie wir schon gesehen haben, solche, deren Erfüllung bei der Ausbildung der verschiedenen Typen immer mehr angestrebt wurde. Preis und Raumbedarf des idealen Motors brauchen nicht gleich denen des Gleichstrommotors angenommen zu werden, nur wollen wir beim Vergleich voraussetzen, daß sie für alle Typen die gleichen sind, und werden besonders bemerken, wenn eine Motortype besonders „teuer" ist oder viel Raum beansprucht. Die letzte Eigenschaft hängt übrigens mit der Höhe des Wirkungsgrades und Leistungsfaktors zusammen.

In welchem Grade ist es nun gelungen, dem Induktionsmotor Eigenschaften zu erteilen, welche denen des idealen Motors gleichkommen?

Anlauf. Für den Anlauf gilt der Vergleich mit dem Gleichstrom-Hauptschlußmotor, welcher das höchstmögliche Drehmoment für eine gewisse Stromstärke besitzt[1]). Am vollkommensten nach dieser Richtung hin ist von den kollektorlosen Motoren der Steinmetzmotor mit Kapazität und Induktanz in 2 Hilfswicklungen (Fig. 16), welcher so wie der Hauptschlußmotor Widerstandsanlasser braucht und bei Anlauf für die normale (Vollast-) Stromstärke ein Drehmoment ergibt, welches ohne Schwierigkeit zu derselben Höhe getrieben werden kann, wie es gewöhnlich beim Gleichstrommotor verlangt wird, oder etwa bis zum dreifachen Normalen. Dabei ist die Phasenverschiebung von derselben Größe wie bei Drehstrommotoren mit Widerstandsanlasser. Eine gewisse Phasenverschiebung bei Anlauf ist bei Induktionsmotoren immer notwendigerweise vorhanden, wenn der Motor nicht im Gang mit Phasenvoreilung des Stromes arbeiten soll. Es müssen nämlich immer sekundär (im Rotor) Ströme auftreten, welche den primären entgegengesetzt gerichtet sind, da ja noch keine kompensierende E.M.K. bei Stillstand des Rotors vorhanden ist, und durch Einschalten von Widerständen in den Anker höchstens ein Herabsetzen des Phasenunterschiedes zwischen Primär- und Sekundärstrom bis auf 90^0 erfolgen kann. Die entgegengesetzt gerichteten Ankerströme vergrößern die primäre Admittanz beim Anlauf und zwingen somit zur Verwendung eines Anlassers primär oder sekundär. Wenn der Motor an sich großes Anlaufmoment hat und mit Niederspannung arbeitet, kann der Anlasser primär angebracht und, um Energieverluste zu vermeiden, als Drosselspule ausgebildet sein. Müssen aber die Wattströme des Anlaßwiderstandes noch zur Bildung des Anlaufmomentes hinzugezogen werden, so muß er sekundär (im Ankerstromkreis) liegen.

Allgemein läßt sich also sagen: Ein Induktionsmotor wird immer mit schlechtem Wirkungsgrad[2]) und mäßiger Phasen-

---

[1]) Dieses Drehmoment ist bekanntlich etwa dem Quadrate der Stromstärke proportional. Es ist dies das höchstmögliche, weil bei keinem Material die für die Praxis brauchbare Induktion schneller als linear mit dem erregenden Strome ansteigt.

[2]) Als Wirkungsgrad beim Anlauf rechnen wir primäre Watt per Drehmoment (in synchr. Watt), obwohl diese beiden Größen eigentlich nichts miteinander zu tun haben.

verschiebung (Kunstphasen-, Steinmetz- und Repulsionsmotor mit Widerständen im Rotor), oder aber mit gutem Wirkungsgrad und niedrigem Leistungsfaktor angehen. Beispiele der letzteren Gattung bieten die Atkinson-Motore, speziell die Formen III und IV (ohne Widerstand im Anker), und der Winter-Eichberg-Motor, welche mit abgedrosselter Primärspannung anlaufen können. Sie haben eine gleich große wattlose Stromkomponente wie die vorerwähnten, ohne jedoch deren große Wattkomponente zu besitzen, welche davon herrührt, daß die Phasengleichheit zwischen Ankerfeld und Ankerstrom durch Einschalten von Widerständen in den Rotor hergestellt werden muß.

Wären also die Bedingungen eines guten Anlaufs nur durch Drehmoment (für eine gewisse Stromstärke), Wirkungsgrad und Leistungsfaktor gegeben, so würden nach oben Gesagtem die Kollektormotore, welche sich dadurch auszeichnen, daß sie bei Anlauf ein Querfeld genau senkrecht zu N_x und den Hauptbürsten besitzen, also vor allem die Formen III und IV des Atkinsonmotors sowie der Winter-Eichberg-Motor fast günstigeren Anlauf zeigen als der „ideale Motor". Es kommt aber bei sämtlichen Kollektormotoren der Nachteil der schlechten Kommutierung beim Anlaufen noch hinzu. Dagegen etwas zu machen, ist ebenso unmöglich wie eine Kompensierung der Phasenverschiebung beim Angehen zu erhalten, denn abgesehen von solchen künstlichen Mitteln als Widerstand in den Kollektorverbindungen, Unterteilung der Bürsten u. s. w., welche kaum in Frage kommen sollten, gehört zu der Kompensierung der Kurzschlußenergie eine E.M.K., die bei Stillstand noch nicht vorhanden ist. Man wird deshalb gezwungen, für den Anlauf das motorisch wirkende Querfeld herabzudrücken, um nicht die Kommutierung unter den Hauptbürsten (in der x-Richtung) zu schwer zu gestalten. Dadurch verliert man selbstverständlich wieder etwas an Drehmoment. Zusammenfassend können wir somit sagen: Unter den kollektorlosen Induktionsmotoren gibt es nur einen, nämlich denjenigen von Steinmetz (Fig. 16), welcher zufriedenstellend, doch mit niedrigem Wirkungsgrad anläuft. Die übrigen Kunstphasenmotore haben außer niedrigem Wirkungsgrad noch kleines Anlaufmoment bei hoher Admittanz. Die Kollektormotore zeigen dagegen ein hohes Anlaufmoment bei einer großen Admittanz, welche entweder durch Einschalten von Widerstand in den Rotor oder durch Vorschalten einer regelbaren Impedanz (Drosselspule) kompensiert werden muß. Besonders tritt hier der Winter-Eichberg-Motor hervor, bei welchem der Serientransformator, welcher als solche Drosselspule wirkt, gewissermaßen automatisch regelbar ist, durch Veränderung der Stromabgabe sekundär, also durch Änderung des Übersetzungsverhältnisses. Dagegen hat dieser Motor sowohl wie die anderen Kollektormotore schlechte Kommutierung bei Anlauf.

Wirkungsgrad. Die absoluten Werte der Wirkungsgrade lassen sich für die verschiedenen Typen nicht unmittelbar vergleichen aus demselben Grunde, welcher eingangs erwähnt wurde, nämlich, daß die Maschinen nicht alle für dieselbe Betriebsart gebaut sind. Außerdem spricht beim Bestimmen des Wirkungsgrades eines Motors die absolute Belastungsfähigkeit oder die Zahl von P.S. per kg Eisen und Kupfer mit, also ein sogenannter Materialfaktor. Um diesen Einfluß auszuschalten und die wirkliche, nur durch die prinzipielle Anordnung der Motore bedingte Verschiedenheit der Wirkungsgrade zu finden, müssen wir die absoluten Verluste der verschiedenen Typen vergleichen.

Es treten auf: Kupferverluste und Eisenverluste primär und sekundär, Reibungsverluste in den Lagern und die Ventilationsverluste. Dazu kommen noch bei den Kollektormotoren die durch die Bürsten verursachten Ohmschen- und Reibungsverluste sowie bei Motoren mit Schleifringen die nicht sehr bedeutenden Reibungsverluste an diesen. Sehen wir von den letztgenannten ab, welches um so mehr gerechtfertigt erscheint, als die Bürsten an den Schleifringen während des Betriebes abgehoben werden können, und lassen wir ebenso die für verschiedene Typen ziemlich gleiche Lager- und Luftreibung außer Rechnung, so bleiben erstens die Kupferverluste zu berücksichtigen.

Primär sind diese annähernd nur von der Größe des Leistungsfaktors abhängig, welche für eine gewisse Nutzleistung erreichbar ist. Somit finden wir in bezug auf primäre Kupferverluste die niedrigste Zahl bei dem Steinmetzschen Kondensatormotor (Fig. 14a) und den Winter-Eichberg-

Motor, welche bei cos φ_1 nahe an 1 arbeiten, die ungünstigste wieder bei den Formen III und IV des Atkinson-Motors. Bei dem Steinmetz-Motor nimmt aber der Transformator für den tertiären Kreis etwa 3 % der Normalleistung und bei dem Winter-Eichberg-Motor der Serientransformator etwa 2 bis 3 %, außerdem haben wir bei den Atkinson-Motoren Formen I und II Verluste in den zur Regulierung der Hilfsfelder verwendeten Widerständen.

Sekundär sind die Kupferverluste bei einer gewissen Leistung oder bei gleichem Nutzfeld für die Kollektorarmatur:

$$V_g = z \,.\, w \,.\, J_g^2$$

(z Stabzahl, w Widerstand pro Stab, J_g effektive Nutzstromstärke pro Draht) und das Nutzfeld F_g = einer konstanten k mal Zahl der treibenden Amperewindungen am Rotor oder

$$F_g = k \,.\, \frac{z}{\pi} \,.\, J_g,$$

bei einem Käfiganker haben wir

$$V_k = \frac{z}{4} \cdot w \cdot J_k^2 \text{ und } F_k = k \cdot \frac{z}{4} \cdot J_k$$

(siehe Gleichung 3) und 4)), folglich wenn

$$F_g = F_k \because \frac{J_k}{4} = \frac{J_g}{\pi} \text{ und } V_g = z \cdot w \cdot \frac{\pi^2}{16} \cdot J_k^2$$

oder endlich

$$\frac{V_g}{V_k} = \frac{\pi^2}{4} \because V_k \cong 0{,}4\, V_g.$$

Wenn die Stabzahl und der Widerstand pro Stab für beide Anker gleich sind, hat also der Kurzschlußanker nur 0,4 soviel Kupferverluste wie der Gleichstromanker. Es ist auch in der Tat von vorneherein sehr wahrscheinlich, daß der Kurzschlußanker, in welchem die Ströme sich frei ausbilden können, eine solche Stromverteilung besitzen soll, daß für eine gegebene Amperewindungszahl die Verluste ein Minimum werden. Für Phasenwicklung des Ankers ergibt sich das Verhältnis der Verluste unter Berücksichtigung der jeweilig vorhandenen Spulenfaktore. In bezug auf Kupferverluste ergibt sich folglich, daß der Asynchronmotor mit Kurzschlußanker günstig arbeitet, wenn auch infolge des nicht ganz homogenen Drehfeldes desselben, oder, was dasselbe ist, weil der Strom im Anker nicht nur als Nutzstrom betrachtet werden kann, die tatsächlich auftretenden Verluste etwas größer, als oben berechnet, ausfallen. Bei dem Steinmetz-Motor, mit Induktanz und Kapazität, welcher ja ein sehr homogenes Drehfeld besitzt, fällt natürlich dieser Nachteil fort.

Was die Eisenverluste betrifft, so sind dieselben (per Gewichtseinheit Eisen gerechnet) im Stator und Rotor für dieselben Tourenzahlen und Periodenzahlen für alle Motore gleich. Bei Synchronismus werden die Ankereisenverluste im homogenen Drehfelde ein Minimum, und es ist somit klar, daß die Motore, welche vorzugsweise in der Nähe vom Synchronismus arbeiten, die kleineren Gesamtverluste im Eisen aufweisen. Wir brauchen aber nicht näher hierauf einzugehen, weil dies ein Umstand ist, welcher von den Betriebsverhältnissen abhängt, nicht aber von der Type des Motors. Höchstens können wir sagen, daß die Motore, welche zufolge ihres kleinen Drehmoments nicht nahe dem Synchronismus normal laufen können, in der betreffenden Beziehung nachstehen. Es sind dies von den erwähnten Typen besonders der gewöhnliche Repulsionsmotor (Fig. 19), der Motor mit mehrfachem Bürstenkurzschluß nach Thomson, Latour und Déri sowie die Atkinson-Motore mit Ausnahme der Form II.

Für die Motore mit Gleichstromarmatur haben wir schließlich die Reibungs- und Kurzschlußverluste am Kollektor zu berücksichtigen, welche bei den Motoren mit 2 Paaren von Bürsten pro Polpaar sich natürlich am meisten bemerkbar machen. Angenommen, daß man eine mittlere induzierte Spannung per kurzgeschlossene Spule gleich der Reaktanzspannung hätte, so würde der Gesamtverlust am Kollektor doppelt so groß sein als für eine Gleichstrommaschine mit derselben Reaktanzspannung. Wir kommen als Ergebnis dieser Betrachtung also zu der Erkenntnis, daß der einfachste der Induktionsmotore, der Asynchronmotor, den verbesserten in bezug auf niedrige Verlustzahlen mindestens gleich kommt.

Leistungsfaktor. Wir haben schon bei der ersten Besprechung der verschiedenen Typen besonders die Kompensierung der Phasenverschiebung ausführlich behandelt, und es ist daher jetzt dem wenig hinzuzufügen. Die Aufhebung der Induktanz geschah immer in derselben Weise, nämlich so, daß in den y-Windungen durch Rotation im Hauptfelde N_x eine E.M.K. entstand, die gegen die sogenannte Induktanz-E.M.K. gerichtet war.

Bei allen Induktionsmotoren ist das Querfeld vorhanden, es wurde bei dem gewöhnlichen Asynchronmotor durch den Anker selbst, bei der Steinmetzschen Abänderung dieses Motors noch dazu durch eine auf Kapazität arbeitende Hilfswicklung und endlich bei den Kollektormotoren entweder als eine Komponente des einzig vorhandenen Ankerfeldes oder unter Zuhilfenahme eines besonderen Bürstensatzes geschaffen. Dieses Feld ist das wirklich ziehende (das Hauptfeld kann ja unter Umständen ein negatives Drehmoment geben wie beim Asynchronmotor), und es muß deshalb kräftig gehalten werden. Die Induktanz, die von diesem Felde abhängt, ist demnach relativ groß und die Aufhebung derselben das einzige Mittel, wodurch man (außer durch rein konstruktive Maßnahmen) den Leistungsfaktor verbessern kann. Man kann die Kompensierung der Selbstinduktion in den y-Windungen auffassen als ein Zuführen von außen her von den für die Magnetisierung in dieser Richtung nötigen Strömen. Dies geschah bei dem Steinmetzschen Motor durch Induktion, bei dem Winter-Eichberg-Motor durch direkte Zuführung von Strom an den Kollektor. Letzgenannte Methode hat offenbar den Vorteil, daß die Magnetisierungsströme immer je nach Bedarf, d. h. je nach Geschwindigkeit des Rotors, reguliert werden können. Bei verschiedenen Tourenzahlen ist ja nämlich auch die vorhin erwähnte Selbstkompensierung des Ankers eine verschiedene. Bei Motoren, welche nahe an Synchronismus arbeiten, ist deshalb auch eine Regulierung von außen überflüssig, und die Zuführung der Kompensationsströme kann durch die Induktion von einem zu seiner Stärke ziemlich konstanten Felde geschehen. Wenn man nur die rein elektrische Wirkung betrachtet, kann die Kompensierung durch einen Kondensator in einer Hilfswicklung also ebenso vollkommen wirken wie die durch Stromzuführung. Dazu kommt noch, daß die Bedingung für die Möglichkeit der letztgenannten Methode das

Vorhandensein eines Kollektors ist. Der Kollektor kommutiert aber nur dann zufriedenstellend, wenn die Kompensation der Induktanz in der Nähe der synchronen Tourenzahl erfolgt, und man ist also auch dadurch hier an eine gewisse Umlaufzahl gebunden. Bei dieser Tourenzahl können aber sowohl die Magnetisierungsströme der y-Windungen wie die der x-Windungen auf die eine oder andere Methode gleichzeitig kompensiert werden, da, wie wir bei Behandlung der Theorie für den Asynchronmotor gesehen haben, ein Anker, welcher aus zwei aufeinander senkrecht im Raume stillstehenden Windungsgruppen (den x- und y-Windungen) besteht, die Eigenschaft hat, daß die eine Gruppe ihren Magnetismus in richtiger Phase auf die andere überträgt, bis die Felder in beiden Richtungen möglichst gleich werden. Wenn man also den kompensierenden Strom so groß macht, daß er das Feld in der y-Richtung übererregt, so wird auch das x-Feld verstärkt oder sogar ausschließlich durch die Kompensationsströme erzeugt. Der primäre Teil wird dann einen Leistungsfaktor nahe gleich 1 bekommen.

Tourenregulierung ist nur innerhalb eines sehr kleinen Bereiches nahe an Synchronismus beim Asynchronmotor möglich, weil das Maximaldrehmoment schon bei einer Schlüpfung von wenigen Prozenten (gewöhnlich etwa 7—9 %) erreicht ist, und die Zugkraft, wie schon gezeigt, bei niederen Tourenzahlen sehr schnell sinkt, die Admittanz aber entsprechend zunimmt, da die Stromstärke J_x in die m-Richtung fällt (Fig. 3). Durch Einschalten von Widerstand in den (dann als Phasenanker ausgeführten) Rotor kann zwar das Drehmoment auch für andere Tourenzahlen auf einen höheren Wert, ein relatives Maximum, gebracht werden, aber dieser Wert ist an sich klein und das Verfahren mit bedeutendem Energieverlust verbunden. Eine Änderung der Primärspannung ruft, wie Gleichung 14'') zeigt, auch eine Änderung des Drehmomentes, und zwar quadratisch mit dem Hauptfelde, hervor, aber das überhaupt erreichbare höchste Drehmoment ist zu klein und nimmt für eine kleine Änderung der Tourenzahl, wie schon erwähnt, zu schnell ab, als daß man auch durch bedeutende Spannungsänderungen eine praktisch brauchbare Regulierung zustande bringen könnte. Der ursprüngliche Asynchronmotor sowie seine verbesserten Ausführungsformen haben alle die Tourencharakteristik des Gleichstrom-Nebenschluß-Motors. Der kombinierte Repulsions-Asynchronmotor von Schüler kann zwar durch Einschalten von Widerständen zwischen den Schleifringen während des Betriebes wieder zum Repulsionsmotor verwandelt werden, läuft aber als solcher mit der dem gewöhnlichen Repulsionsmotor eigenen schweren Kommutierung. Der reine Repulsionsmotor (nach Thomson, Latour und Déri) sowie der Motor mit Kurzschlußwindungen und breiten Bürsten (Fig. 24) werden leicht durch Änderung der Primärspannung reguliert, wie es ohne weiteres als möglich aus dem Umstande hervorgeht, daß das Drehmoment, welches ja von der Primärspannung abhängt, bei Stillstand am größten ist. Auch die Atkinsonmotore können bei konstantem Drehmoment mit verschiedener Tourenzahl laufen, soweit sie die Möglichkeit einer unabhängigen Regulierung der beiden Magnetfelder N_x und N_y besitzen. Bei den Formen I und II ist aber gewöhnlicherweise die Feldstärke nicht unabhängig von der Feldphase zu ändern, und so müssen diese Motore als für den normalen Betrieb nicht regulierbar angesehen werden. Betreffs der 4 Formen des Atkinsonmotors weise ich hier nur der Vollständigkeit halber auf die mehrfach betonte Abhängigkeit des Leistungsfaktors und der funkenfreien Kommutierung von der Tourenzahl hin. Eine solche Abhängigkeit zeigt sich auch beim Winter-Eichberg-Motor, obwohl durch die innerhalb weiter Grenzen mögliche unabhängige Regulierung von den beiden Feldern hier weit günstigere Verhältnisse geschaffen sind.

Bezüglich der Möglichkeit einer Tourenregulierung sehen wir also, daß der Kollektormotor dem asynchronen Motor bedeutend überlegen ist, beim letzteren ist nur eine wenig brauchbare Methode der Widerstandsregulierung im Ankerkreis möglich, bei den erstgenannten ist es zwar nicht möglich, eine gute Kommutierung, wohl aber eine gute Phasenkompensierung für jede Tourenzahl zu erhalten.

Für die

Belastbarkeit eines Motors ist die Erwärmung ausschlaggebend. Da diese aber, richtige Konstruktion vorausgesetzt, nur vom Wirkungsgrad und Leistungsfaktor (Streuung) abhängig ist, andererseits durch dieselben rein konstruktiven

Maßnahmen für alle Typen mit ungefähr gleicher Schwierigkeit innerhalb der zulässigen Grenzen gehalten werden kann, können wir von einer Besprechung dieser Eigenschaft absehen.

Die Überlastungsfähigkeit, d. h. die Belastbarkeit für eine kurze Zeit, ist bei keinem der genannten Motoren so hoch wie beim Hauptschluß-Gleichstrom-Motor. Dies kommt zum Teil daher, daß es sich eben um Induktionsmotore handelt, welche auch notwendigerweise Streuung besitzen. Die Streuung drosselt aber die Gesamtspannung ab und ruft eine gewisse Phasenverschiebung zwischen treibendem Feld und Rotorstrom hervor.

Außerdem aber muß immer ein Wechselstrommotor, gleichgültig von welcher Bauart, um dasselbe Drehmoment wie der Gleichstrommotor zu bekommen, bei gleich vielen treibenden Windungen eine größere Stromstärke brauchen. Dies hat seinen Grund darin, daß der Antrieb beim Wechselstrommotor ein weniger vollkommener, nämlich ein stoßweiser ist. Nehmen wir an, daß bei einem Wechselstrommotor der höchst erreichbare Wert des treibenden Feldes durch die Sättigung des Eisens auf den Wert M Kraftlinien festgesetzt ist und daß die Wechselstromstärke J Ampere eben dieses Feld hervorruft im Augenblick eines Maximalwertes, so ist die treibende Kraft zwischen Feld und Strom proportional dem Produkte aus den Effektivwerten, also $K_w = k \,.\, 0{,}7 \,.\, M \,.\, J$.

Die Gleichstromstärke, die dasselbe Feld hervorruft, ist aber $\frac{J}{0{,}7}$ und die treibende Kraft zwischen diesem Strome und dem Felde

$$K_g' = k \,.\, M \,.\, \frac{J}{0{,}7} \,.$$

Es folgt hieraus, daß

$$\frac{K_g'}{K_w} \cong \frac{1}{0{,}5} \,.$$

Lassen wir aber die maximal zulässige Stromstärke nicht durch die Sättigung des Eisens, sondern durch die Kommutierungsverhältnisse oder die Ohmschen Verluste bestimmt werden, mit anderen Worten, nehmen wir die Stromstärke in beiden Motoren gleich groß an, so ist, wenn auch jetzt das

6*

Eisen beim Maximum der Wechselstromkurve gesättigt ist, $K_w = k.0{,}7.M.J$ die höchst erreichbare Treibkraft für Wechselstrom und $K_g'' = k.M.J$ für Gleichstrom oder

$$\frac{K_g''}{K_w} = \frac{1}{0{,}7}.$$

Diese Verhältniszahlen verschieben sich noch etwas zugunsten des Wechselstrommotors dadurch, daß bei diesem der Polbogen zufolge der geringeren Streuung besser ausgenutzt werden kann; da dies aber konstruktive Rücksichten sind, brauchen wir für unseren Vergleich nicht weiter darauf einzugehen.

Wir kommen nun schließlich zu der Frage, in welchem Maße es gelungen ist, diese verbesserten Induktionsmotore ohne zu große

Komplikation der ursprünglichen Type zu erhalten. Nehmen wir hierbei den Asynchronmotor von Thomson als Urtype an, so müssen wir ohne Bedenken die Frage dahin beantworten, daß die bis jetzt bekannten Formen nicht die Lösung der Aufgabe in einer solchen Weise bringen, daß nicht die schätzenswerteste Eigenschaft des ersten Motors, die außerordentliche Einfachheit, stark beeinträchtigt wurde.

Der elektrisch vollkommenste von den kollektorlosen Motoren, der Steinmetzmotor mit Induktanz und Kapazität in zwei Hilfswicklungen, ist deshalb für die meisten Betriebe nicht verwendbar, weil die zugefügten Teile (Induktionsspule und Kondensator) zu teuer, zu schwer, zu empfindlich sind oder zu viel Platz nehmen. Der einfache Steinmetzmotor ist trotz seines schlechten Anlaufens dem erstgenannten überlegen, weil der Kondensator in der von Steinmetz verwendeten Weise (im tertiären Kreise) elektrisch vollkommen arbeitet und, da er innerhalb des Motorgestelles angebracht ist, außerdem nicht viel Raum wegnimmt oder Beschädigungen ausgesetzt ist. Da der Kondensator aber immer konstruktiv ein sehr unvollkommenes Element einer Maschine bildet, ist auch diese Lösung des Problems keine zufriedenstellende. Diese Anordnung bietet aber den Vorteil vor den anderen bei den Kunstphasenmotoren zur Verwendung kommenden, daß die Anlaßvorrichtung auch während des Betriebes nutzbar gemacht wird, wenn auch nicht mit voller Kraft, denn, wie wir sahen, muß die Hilfswicklung um einen gewissen Winkel aus der y-Richtung (in welcher sie ja eigentlich liegen müßte) verschoben werden, um beim Anlauf überhaupt induziert zu werden.

Wenden wir uns jetzt den aus dem Repulsionsmotor entstandenen Typen zu, so finden wir, daß wiederum die erzielten Vorteile, hier hohes Anlaufmoment, Regulierbarkeit und zum Teil Phasenkompensierung, sehr teuer erkauft sind. Der größte Fehler des Kollektormotors ist eben, daß er Kollektor besitzt.

Ich möchte hier bezüglich nur eines dem Kollektor anhaftenden Nachteiles, der Schwierigkeit der funkenfreien Kommutierung, einige Worte eines hervorragenden Konstrukteurs von Kommutatormotoren anführen. Herr Professor K. Pichelmeyer sagt von der Kommutierung[1]): „Bekanntlich machen gerade in dieser Hinsicht die Wechselstrom-Kommutatormotoren die größte Schwierigkeit, und wenn auch immer und immer wieder behauptet wird, daß diese Schwierigkeiten längst behoben seien, so kann nicht genügend darauf hingewiesen werden, daß dies durchaus nicht der Fall ist, und daß man nur von einer teilweisen, jedoch nicht vollständigen Lösung dieses Problems sprechen kann.“ In der Tat ist man geneigt, die Nachteile des Kollektors zu niedrig einzuschätzen, weil man gewöhnt ist, bei der Gleichstrommaschine immer mit diesem teuren, empfindlichen und verhältnismäßig viel Raum beanspruchenden Teil rechnen zu müssen. Ist bei dem Gleichstrommotor der Kollektor aber ein bis jetzt notwendiges Übel, so bedeutet das Anbringen desselben auf dem Induktionsmotor ohne Frage einen bedeutenden Schritt nach rückwärts, welcher in manchen Fällen die dadurch erzielten Vorteile zum größten Teil neutralisieren kann. Solange der Kollektor zur Verbesserung der elektrischen Eigenschaften der Wechselstrommotore notwendig erscheint, und wir wollen gleich sehen, in welchem Grade dies der Fall sein muß, so lange wird auch auf die Lösung des Problems der Kommutierung gearbeitet werden müssen. Daß ein gutes Arbeiten des Kollektors nicht ohne Anwendung der größten Sorgfalt beim Bau desselben und sehr wahrscheinlich auch nicht ohne Zufügung äußerer Hilfsteile (Kompensationswindungen, Hilfspole oder dergl.) herbeigeführt werden kann,

---

1) Siehe E.T.Z. 1904, Heft 22, S. 467.

und daß demnach der Kollektor immer ein sehr empfindliches Element des Motors bilden wird, läßt sich mit Sicherheit sagen. Neben dem Kollektor kommen bei den Kollektor-Induktionsmotoren die anderen zugefügten Teile, wie z. B. bei den Atkinsonmotoren die zusätzlichen Wicklungen mit Widerständen (Induktanz oder Kapazität), bei einer Beurteilung der Komplikation weniger in Betracht. Beim Schüler-Motor ist schon auf die Nachteile der Einführung von Schleifringen gerade bei einem für Bahnbetrieb sonst geeigneten Motor hingewiesen.

Der Transformator des Winter-Eichberg-Motors ist ohne Zweifel teuer und, sofern er regulierbar ist, nicht ganz einfach, aber als ein außerhalb des Motors befindlicher Teil ist diese seine letztgenannte Eigenschaft ziemlich belanglos. Da er außerdem nicht nur als Anlasser dient und folglich die sonst notwendigen Widerstände u. s. w. entbehrlich macht, sondern auch Geschwindigkeitsregulator und Phasenkompensator in ihm vereinigt sind, muß man zugeben, daß die Anordnung nach Winter-Eichberg eine relativ sehr einfache Type des Kollektor-Motors darstellt.

Zusammenfassung.

Bei unserem obigen Vergleich der verschiedenen Induktionsmotore haben wir gesehen, erstens, daß bei dem Motor mit Käfig- oder Phasenanker ein Anlaufen unter Last nur sehr schwer vor sich geht und nur dadurch erreicht werden konnte, daß man gewisse Konzessionen in bezug auf Wirkungsgrad machte. Eine Regelung der Tourenzahl ist ja eigentlich gegen das Grundprinzip dieses Motors und kann dementsprechend nur innerhalb für die Praxis viel zu enger Grenzen vor sich gehen. Die Überlastungsfähigkeit ist nur bei einer Type gleich der des Kollektormotors, zu dessen Verwendung man hauptsächlich deshalb und wegen seines hohen Anlaufmomentes mehrfach übergegangen ist.

Bei den Kollektormotoren dagegen sind die Hauptnachteile schwere Kommutierung, besonders bei Anlauf, größere Empfindlichkeit und Kompliziertheit. Die Phasenverschiebung läßt sich nur durch besondere Änderung des Querfeldes für verschiedene Tourenzahlen, dann aber auch in sehr vollkommener Weise kompensieren.

Zweitens läßt uns aber auch dieser Vergleich eine für die Lösung unserer Aufgabe wichtige Tatsache unmittelbar erkennen.

Sehen wir nämlich vorläufig vom verschiedenen konstruktiven Aufbau und den mechanischen Eigenschaften der Motore ab und fassen die elektrischen Eigenschaften irgend einer Motortype ins Auge, so finden wir allgemein, daß die Erzeugung eines **Anlaufmomentes** von der Möglichkeit abhängt, ein kräftiges Querfeld zu schaffen in Phase mit den Ankerströmen, welche als x-Ströme bezeichnet wurden. Dasselbe Querfeld gibt beim Lauf das positive Drehmoment, und zwar ein je größeres, desto näher dieses Feld mit den x-Strömen phasengleich ist. Unter Beibehaltung dieser Phase des Querfeldes ist es möglich, durch Verstärkung desselben die Induktanz des Rotors aufzuheben (Steinmetz-, Winter-Eichberg-Motor) und zu gleicher Zeit, wenn der Rotor eine Kollektorarmatur trägt, eine **ideale Kommutierung** herbeizuführen. Durch Übererregung des Querfeldes schließlich kann die Streuung kompensiert und der **Leistungsfaktor** des Motors folglich gleich 1 oder sogar φ_1 negativ gemacht werden. Hieraus ergibt sich dann auch eine Vergrößerung der **Überlastungsfähigkeit.**

Der elektrisch vollkommenste Motor, gleichgültig ob mit oder ohne Kollektor, ist folglich derjenige, bei welchem das Querfeld in der einfachsten Weise erzeugt und am genauesten für jede Belastung eingestellt werden kann. Es ist unschwer zu erkennen, daß das Vorhandensein eines solchen vollkommenen Querfeldes nicht nur hinreicht, um dem Induktionsmotor die idealen elektrischen Eigenschaften zu verleihen, sondern daß es auch die notwendige Bedingung hierfür bildet.

Wir wollen auf den Beweis für diese ebenso einfache wie bemerkenswerte Tatsache der Kürze halber hier nicht eingehen, wollen ihn vielmehr als aus unserer Untersuchung der verschiedensten Motorgattungen erfahrungsgemäß erbracht betrachten.

Die Grundlage für die Beantwortung unserer Hauptfrage besitzen wir jetzt. Um einen Motor mit hohem Anlaufmoment, Leistungsfaktor und großer Überlastungsfähigkeit zu erhalten, ist es nötig, daß er ein Querfeld besitzt, welches entweder von selbst sich so einstellt, daß es für jede Belastung die richtige Phase und Größe erhält, oder von außen her in dieser Weise nachreguliert wird. Der Motor, welcher unter sonst gleichen Bedingungen dieses Querfeld in der ökonomischsten Weise erzeugt, hat dann den besten Wirkungsgrad, und derjenige, welcher dasselbe in einfachster Art und mittels des konstruktiv besten Mittels hervorruft und reguliert, ist der in mechanischer Hinsicht überlegene. Unsere Aufgabe haben wir somit daraufhin reduziert, daß es nunmehr gilt, die Frage zu beantworten: ist es bei einem Einphasen-Induktionsmotor möglich, das Querfeld in einer vorteilhafteren Weise zu erzeugen, in genauerer Weise für jede Belastung zu regulieren, als was bei den jetzigen Motoren schon geschieht?

Um gleich von Anfang an die durch die praktischen Anforderungen an die Motore gesetzte Grenze zu ziehen, wollen wir von unserer folgenden Überlegung alle die Anordnungen ausschließen, welche darauf hinausgehen, das Querfeld zu erzeugen mit Hilfe außerhalb des Motors befindlicher beweglicher Teile, die nicht etwa dem Wechselstromgenerator angehören.

Es bleiben folglich die Alternativen

1. Queramperewindungen im Rotor oder
2. Queramperewindungen im Stator

und in diesen beiden Fällen die Möglichkeiten

a) Erregung der Queramperewindungen durch Induktion oder
b) Erregung der Queramperewindungen durch Stromzuführung von außen.

Sehen wir jetzt unter den hier oben behandelten Typen von Motoren zu, so finden wir diese Arten der Felderregung sämtlich vertreten.

Unter den Kollektormotoren haben wir zuerst den ursprünglichen Thomsonschen Repulsionsmotor (Fig. 19) und die verbesserte Type nach Déri (Fig. 26), bei welchen der Anker selbst das Querfeld erzeugt. Die Regulierung des Querfeldes ist hier, wie Gleichung 22) zeigt, sehr unvollkommen, indem dieses (N_y) bei kleiner Tourenzahl den relativ größeren Wert besitzt, und somit die Bedingung für Kompensierung der Ankerinduktanz

$$\frac{n}{\nu} = \frac{N_{oy}}{N_{ox}}$$

nur für einen einzigen Punkt der Belastungskurve wirklich erfüllt werden kann; da wir außerdem sahen, daß eine ideale Kommutierung hierbei nur für synchrone Tourenzahl erzielt werden konnte, so haben wir von dieser Methode der Querfelderzeugung für die Vervollkommnung des Induktionsmotors nichts mehr zu erwarten. Dasselbe gilt auch von der Erregung des Feldes vom Stator aus, wie z. B. bei den Atkinsonmotoren Formen I und II, denn hier ist zwar die Phase des Querfeldes innerhalb enger Grenzen veränderlich, aber nicht gleichzeitig und davon unabhängig das Verhältnis des Querfeldes zum Hauptfelde, wie es für eine vollständige Kompensation ja nötig wäre.

Auch die Schaltungen, bei welchen der Anker das Querfeld nicht durch Induktion, sondern durch Strom vom Kollektor erregt, wie es z. B. bei der Form III und zum Teil bei Form IV des Atkinsonmotors der Fall ist, bietet uns wenig Aussicht auf weitere Entwicklung. Die Gründe hierfür habe ich schon bei Besprechung der betreffenden Motore angegeben, sie hängen mit dem Umstand zusammen, daß der Anker auf Induktanz arbeitet.

Es bleibt noch die letzte Methode der Querfelderregung, nämlich durch Stromzuführung an den Anker und, da es sich um die Erzeugung eines Querfeldes handelt, an Bürsten, welche in der Querachse liegen. Dieses scheint die naheliegendste und natürlichste Art der Erregung einer Kollektorarmatur zu sein, ist aber erst an dem Winter-Eichberg-Motor zur Verwendung gekommen[1]). Durch die sinnreiche und einfache Lösung des Problemes der Querfelderregung bei diesem Motor sind aber die Quellen zur weiteren Ausbildung nach dieser Richtung hin durchaus nicht erschöpft, im Gegenteil, es lassen sich verschiedene andere Wege finden, die von diesem Ausgangspunkt zu prinzipiell einwandsfreien und, wie zu erwarten steht, von der Praxis nach Bedarf zu prüfenden Motortypen führen. So würde man, um hier nur ein Beispiel zu nennen, beim Induktionsmotor eine Selbsterregung nach Art der beim Mehrphasenmotor von Heyland verwendeten wohl mit einigem Vorteil benutzen können, andere Kombinationen zu verschweigen. Obwohl sich also an dieser Stelle Perspektiven zur weiteren Ausbildung des Einphasenmotors eröffnen, steht es sehr in Frage, ob wohl ein zweiter Motor eine Lösung des Problemes mit einfacheren Mitteln zeigen wird, als es der Winter-Eichberg-Motor tut. Denn dieser Motor arbeitet mit einem der einfachsten elektromechanischen Elemente, dem Serientransformator, und dürfte demnach jedenfalls kaum übertroffen werden können.

Und doch ist uns dieser, sonst beinahe ideale Motor bei weitem nicht einfach genug. Der Techniker kehrt immer

---

[1]) Und außerdem an einem Serien-Wechselstrommotor von M. Latour.

wieder zurück zu den einfachsten Formen des elektrischen Motors, um seinen Universalmotor zu suchen. Der einfachste aller elektrischen Motore ist der kollektorlose Asynchronmotor, es ist deshalb von besonderem Interesse, diesen Motor von unserem Gesichtspunkte der idealen Querfelderregung aus zu betrachten.

Beim gewöhnlichen Kunstphasenmotor wird das treibende Querfeld bei Anlauf vom Stator aus, bei Betrieb des Motors aber vom Rotor selbst erzeugt, und zwar in letzterem Falle in fast vollkommener Weise; wie gezeigt, dreht sich nämlich die Phase der Ankerströme (x-Ströme) bei vergrößerter Belastung immer mehr zu der des Querfeldes (N_y) hinüber und reguliert somit die Wirkung des Querfeldes vollkommen automatisch. Der schwache Punkt liegt hier also nicht in der Phasenregulierung, sondern in der Größenregulierung des Feldes, in der Abnahme desselben bei größerer Belastung (Gleichung 9)). Um für diese Abnahme zu kompensieren, hat der Steinmetzmotor die Erregerwicklung mit Kondensator am Stator und arbeitet demnach mit gemischter Erregung des Querfeldes: sowohl vom Stator aus als vom Rotor, und erzielt hierdurch eine vollkommenere Regulierung des Feldes während des Laufes. Für den Anlauf aber hat man entweder eine sehr schlechte Kraftausbeute, oder man muß die Phase des Stromes künstlich nach der des Querflusses durch Einschalten von Ankerwiderständen richten. Diese Methode hatten wir aber als eine minderwertige betrachtet, da sowohl Einfachheit als Billigkeit des Motors dadurch gemindert werden, ohne daß man dafür etwas anderes als einige Vorteile gerade für den Anlauf erhält, aber wir erkennen auch jetzt ohne Schwierigkeit, daß diese Mittel, der Kondensator im Stator und Widerstände im Rotor, die einzigen elektromagnetisch wirkenden sind, die uns hier zu Gebote stehen. Denn von den zwei übrigen Wegen, welche uns für die Erzeugung des Querfeldes hier noch offen stehen würden, das Erregen durch eine von außen mit Strom gespeiste Wicklung im Stator oder von einer solchen im Rotor (Phasenanker), führt keiner zum erwünschten Ziele.

Der erstere deshalb nicht, weil, wie schon früher angedeutet, der vom Motoranker selbst ausgesandte, zu seiner Stärke variable Kraftfluß auch eine solche Statorwicklung notwendigerweise durchsetzen müßte, und somit auch die Admittanz dieser Wicklung veränderlich werden würde. Dieser Umstand schließt aber eine Erregung von der Primärseite, d. h. ein Speisen mit Spannung von konstanter Phase, aus.

Durch Fremderregung des Phasenankers aber würde man nicht einen verbesserten Anlauf erreichen können, vielmehr dieselben Schwierigkeiten haben wie beim Anlassen eines Synchronmotors, denn in einen solchen (bei doppeltem Synchronismus laufenden) Motor würde der Induktionsmotor in diesem Falle verwandelt werden. Zur Erhöhung der Überlastungsfähigkeit könnte man sich aber die Erregung des Rotors über Schleifringe verwendet denken, nur könnte man nicht gleichzeitig den Motor als kombinierten Induktions- und Synchronmotor laufen lassen (etwa wie der mehrphasige Heyland-Motor), da ein Induktionsmotor dieser Art zwischen einfachem und doppeltem Synchronismus immer als Generator läuft und somit bremsend wirken würde, sobald er aus der zweifach synchronen Tourenzahl gebracht würde.

Als Ergebnis unserer Betrachtung über die Möglichkeit einer Vervollkommnung des kollektorlosen Induktionsmotors gelangen wir somit zu dem Schluß, daß es nicht möglich ist, demselben ein ideales Querfeld zu verschaffen, welches bei den von der Praxis gegebenen verschiedenen Tourenzahlen sowohl Größe als Phase nach regulierbar ist. Dagegen fanden wir, daß er selbst in seiner einfachsten Form bei Tourenzahlen nahe an Synchronismus ein Querfeld hat, welches nur verstärkt zu werden braucht, um eine vollkommene Phasenkompensierung zu bewirken. Die Verwendung einer Kapazität ist zur verstärkten Erregung dieses Feldes das einzig mögliche Mittel, bietet aber, wie gezeigt, besonders für größere Motore beim Anlaufen und auch in mechanischer Hinsicht keine zufriedenstellende Lösung, so daß man wohl vielfach im Interesse der größeren Einfachheit auf die vollständige Kompensierung, welche ja bei einem Motor ohne Kollektor für den Betrieb nicht unumgänglich nötig ist, verzichten wird. Dies würde besonders der Fall sein bei nicht stationärem Betrieb, welcher unempfindliche und einfache Motore erfordert, und bei diesem müßte man sich darauf beschränken, den gewöhnlichen Asynchronmotor für die normalen Betriebsverhältnisse so überlastungsfähig und mit so hohem

Leistungsfaktor wie möglich zu konstruieren und mit einer effektiven Anlaufsvorrichtung zu versehen.

Daß nach dieser Richtung hin noch sehr viel zu erreichen ist, scheint außer Zweifel gestellt durch Versuche, welche der Verfasser im elektrotechnischen Laboratorium der K. Techn. Hochschule, Berlin, mit einer von Herrn Ingenieur Fagerlund in Stockholm und ihm ansgebildeten Anlaufsvorrichtung für Asynchronmotore vorgenommen hat. Da diese Versuche zurzeit noch nicht völlig abgeschlossen sind, und außerdem die patentrechtliche Seite nicht ganz geklärt ist, behalte ich mir die nähere Beschreibung von der Wirkungsweise dieser Anlaufsvorrichtung für eine spätere Arbeit vor.

Anhang.

Berechnung eines 3 P.S.-Asynchron-Motors für Einphasenstrom 110 Volt und 50 $\sim$ nach den vereinfachten Formeln Gleichung 15) und 16″).

Konstruktionsdaten.

a) Stator.

Polzahl	4
Äußerer Durchmesser des Polgehäuses	320 mm
Innerer Durchmesser des Polgehäuses	210 mm
Achsiale Länge des Polgehäuses	93 mm
Zahl der Nuten	56
Breite der Nuten	8 mm
Höhe der Nuten	21 mm
Stärke der Bleche	0,6 mm
Stärke der 2 Seitenbleche	1,5 mm
Stärke der Papierisolation pro Blech	0,05 mm
Drahtzahl pro Spulenseite	49
Spulenfaktor	$\sim$ 0,9
Drahtzahl pro Nute	14
Widerstand der Wicklung (kalt)	0,10 Ohm

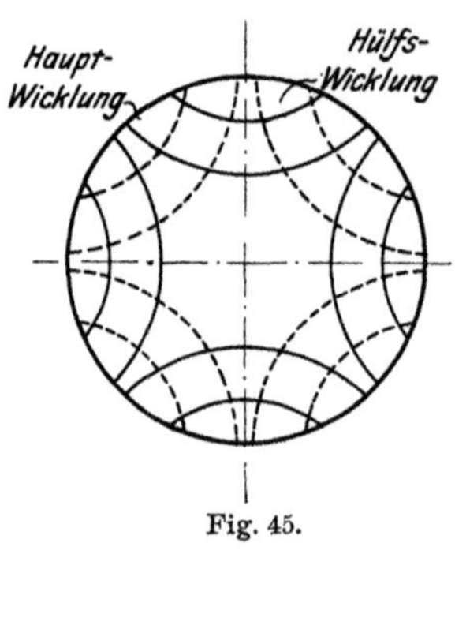

Fig. 45.

Die Wicklung ist in 2 Teile von je 2.49 Windungen geteilt, welche bei Betrieb parallel, bei Anlauf hintereinander und in Serie mit der Hilfswicklung und Kondensator (nach Fig. 12) geschaltet werden. Die Anordnung der Spulen ist aus Fig. 45 ersichtlich.

b) ***Rotor*** ist als Käfiganker ausgeführt.

Stabzahl	45
Stablänge bis Mitte Kurzschlußring	98 mm
Stabdurchmesser (blank)	5,6 mm
Äußerer Durchmesser des Rotors	209 mm
Innerer Durchmesser des Rotors	101 mm
Achsiale Länge des Eisenkörpers	93 mm
Mittlerer Durchmesser des Lochkreises	200 mm
Dicke des Kurzschlußringes	5 mm
Radiale Höhe des Kurzschlußringes	34 mm

Nähere Maße der Stator- und Rotorbleche siehe Fig. 46.

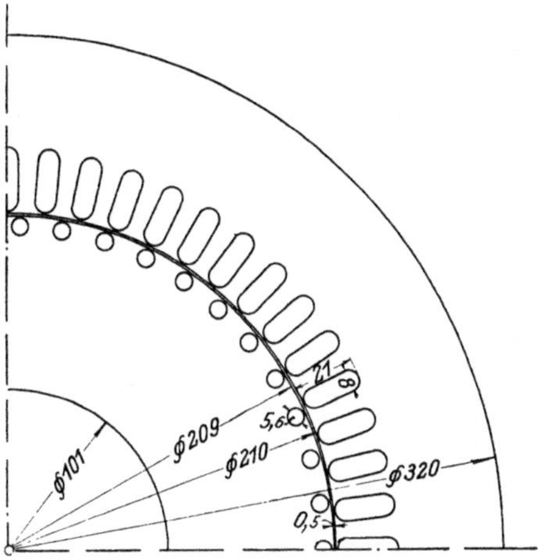

Fig. 46.

Primäre Klemmenspannung:

$$E_{p_1} = 110 = \frac{4{,}44 \cdot 0{,}9 \cdot 50 \cdot 2 \cdot 49 \cdot N_{max}}{10^8}.$$

Primäre Kraftlinienzahl:

$$N_{max} = 565000.$$

Berechnung des magnetischen Kreises für 1 Polpaar:

Durchgangsfläche A,
Induktion B,
Weglänge L.

Luft:

$$A_\alpha = \pi \cdot \frac{20,9}{4} \cdot 9,3 \cdot 0,85 \cdot 0,9 = 115 \text{ cm}^2,$$

$B_\alpha = 4900,$

$L_\alpha = 2 \cdot 0,05$ cm.

Statoreisen:

$A_{a_1} = (5,5 - 2,1) \cdot 9,3 \cdot 0,85 = 26,8 \text{ cm}^2,$

$B_{a_1} = 10600,$

$L_{a_1} = 17$ cm.

Mittlere Breite der Statorzähne = 5 mm.

Statorzähne:

$A_{z_1} = 14 \cdot 0,5 \cdot 9,3 \cdot 0,85 = 55,1 \text{ cm}^2,$

$B_{z_1} = 10300,$

$L_{z_1} = 2 \cdot 2,1$ cm.

Mittlere Breite der Rotorzähne = 8,4 mm.

Rotorzähne:

$A_{z_2} = 11 \cdot 0,84 \cdot 9,3 \cdot 0,85 = 72,7 \text{ cm}^2,$

$B_{z_2} = 7800,$

$L_{z_2} = 2 \cdot 0,8$ cm.

Rotoreisen:

$A_{a_2} = (5,4 - 0,8) \cdot 9,3 \cdot 0,85 = 36,2 \text{ cm}^2,$

$B_{a_2} = 7800,$

$L_{a_2} = 14$ cm.

Gewichte:

Gewicht des undurchlochten Statoreisens 17,3 kg,
Gewicht der Statorzähne 4,32 kg,
Gewicht der Rotorzähne 2,0 kg.

Leerlaufsverluste (nach Kurven von Kapp):

Durch Wirbelströme V_w,
Durch Hysteresis V_h,
Im Statoreisen $V_w = 68,0$ Watt, $V_h = 95,0$ Watt,
In den Statorzähnen $V_w = 15,5$ Watt, $V_h = 21,5$ Watt.
Summa Eisenverluste = 200 Watt.

Die Eisenverluste im Rotor werden nicht besonders berücksichtigt.

Verlust durch Lagerreibung und Ventilation, schätzungsweise (siehe unten) 6,5 % der Normalleistung = 145 Watt.

Gesamte Leerlaufsverluste ausschließlich der Kupferverluste

$$= 200 + 145 = 345 \text{ Watt.}$$

Erregung pro Polpaar (nach Kurven von Kapp).

Für die Luft	X_α	$= 0{,}8 \cdot 2 \cdot 0{,}05 \cdot 4900$	$= 392$	Amperewindg.
Für Statoreisen	X_{a_1}	$= 17 \cdot 2{,}75$	$= 46{,}5$	-
Für Statorzähne	X_{z_1}	$= 2 \cdot 2{,}1 \cdot 2{,}6$	$= 10{,}9$	-
Für Rotorzähne	X_{z_2}	$= 2 \cdot 0{,}8 \cdot 1{,}5$	$= 2{,}4$	-
Für Rotoreisen	X_{a_2}	$= 14 \cdot 1{,}5$	$= 21{,}0$	-

Summa Amperewindungen pro Polpaar = 473.

Magnetisierungsstromstärke.

Für 2 Polpaare ist

$$i_\mu = \frac{2 \cdot 473 \cdot 2}{2 \cdot 49 \cdot 1{,}41 \cdot 0{,}9} = 1{,}53 \text{ Ampere.}$$

Die Streuung ist bei der betreffenden Motortype ziemlich groß. Wir nehmen die Streuungskoeffizienten $v_1 = v_2 = 0{,}9$ an.

$$s = \frac{1 - v_1 v_2}{v_1 v_2} = \frac{1 - 0{,}81}{0{,}81} = 0{,}234,$$

mithin die

Kurzschlußstromstärke

$$i_K = \frac{1 + s}{s} \cdot i_\mu$$

$$i_K = \frac{1{,}234 \cdot 15{,}3}{0{,}234} = 81 \text{ Ampere.}$$

Durch Messung findet man $i_K = 84$ Ampere.

Kupferverluste bei Leerlauf.

Temperatur der Statorwicklung etwa 50° C.

$$V_{cu} = 15{,}3^2 \cdot 0{,}11 = 26 \text{ Watt.}$$

Die sekundären Kupferverluste sind vernachlässigbar klein (siehe Tab. I).

Leerlaufstromstärke i_0.

Die Wattkomponente von i_0 ist

$$\frac{345+26}{110} = 3{,}38 \text{ Ampere}$$

$$i_0 = \sqrt{15{,}3^2 + 3{,}38^2} = 245 = 15{,}7 \text{ Ampere.}$$

Berechnung der Betriebskurven des Motors.

Nach den vereinfachten Formeln 15) und 16'') haben wir: Nutzleistung + Reibungs- und Ventilationsverluste =

$$A_d = \frac{z}{4}(2\pi\nu)^2(1-\sigma)^2 \cdot \left(\frac{N_{ox}}{\sqrt{2}}\right)^2 \cdot \frac{1}{2\cdot w} \cdot (2\sigma - \sigma^2) \text{ Watt}$$

und die Kupferverluste im Rotor

$$A_w = \frac{z}{4} \cdot (2\pi\nu)^2 \cdot \left(\frac{N_{ox}}{\sqrt{2}}\right)^2 \cdot \frac{1}{2\cdot w}(2\sigma - \sigma^2)^2 \text{ Watt.}$$

z ist hier Stabzahl des Rotors = 45 und W = Widerstand pro Stab

$$W = \frac{1}{55} \cdot \frac{0{,}098}{\frac{\pi \cdot 5{,}6^2}{4}} = 0{,}000073 \text{ Ohm.}$$

Da A_d und A_w für einen zweipoligen Motor abgeleitet sind, müssen wir hier berücksichtigen, daß ein 4-poliger Motor für dieselbe Kraftlinienzahl N_{ox} pro Pol die doppelte Induktion und die doppelte Ankerstromstärke (J_x und J_y) hat. Das Drehmoment ist demnach 8 mal, die Leistung 4 mal so groß wie beim 2-poligen. Die Kupferverluste A_w steigen mit der Stromstärke quadratisch und werden folglich auch 4 mal größer.

Es ist demnach:

$$A_d = \frac{45}{4\cdot 4} \cdot (314)^2 \cdot \frac{(0{,}00565)^2}{2} \cdot \frac{1}{2\cdot 0{,}000073} \cdot (2\sigma - \sigma^2)\cdot(1-\sigma)^2$$

$$\cong 60\,600 \cdot \sigma(1 - 2\sigma) \text{ Watt}$$

und

$$A_w = \frac{45}{4\cdot 2} \cdot (314)^2 \cdot \frac{(0{,}00565)^2}{2} \cdot \frac{1}{2\cdot 0{,}000073} \cdot (2\sigma - \sigma^2)^2$$

$$\cong 60600 \cdot 4 \cdot \sigma^2 = 242\,000\ \sigma^2 \text{ Watt.}$$

Hierbei ist N_{0x} als für alle in Frage kommenden Belastungen (bis etwa Vollast) konstant angenommen. Bei normal gebauten Motoren ist dies zulässig.

Wir haben nun noch die Primärstromstärke J_1 in Beziehung zur Schlüpfung des Rotors zu stellen. Da die Kurven für den Strom J_1 und für σ dieselbe Form haben, kann man im allgemeinen mit guter Annäherung $a \,.\, J_1 = b + \sigma$ setzen, wo a und b Konstanten sind.

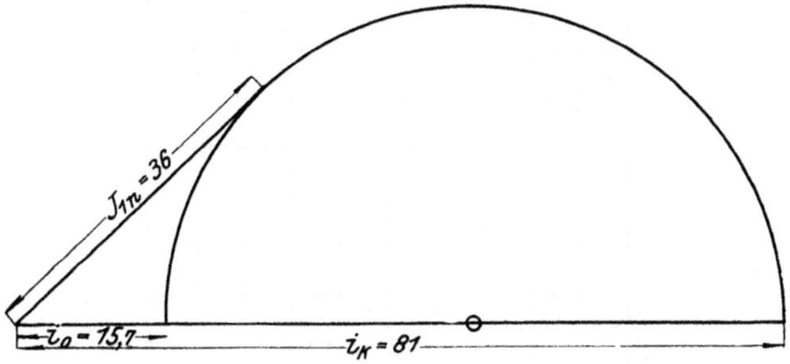

Fig. 47.

Für Leerlauf ist

$$A_{d_0} = 145 = 60600 \cdot \sigma_0 (1 - 2\,\sigma_0) = 60600 \cdot \sigma_0$$
$$\sigma_0 = 0{,}0024.$$

Ist der Motor richtig konstruiert, soll die Stromstärke J_{1n} bei Vollast eine Größe besitzen, die annähernd durch die Länge der Tangente im Stromdiagramm Fig. 47 zu messen ist[1]). Aus dem Diagramm ergibt sich

$$J_{1n} = 36 \text{ Ampere}.$$

Für Vollast, 3 P.S. = 2200 Watt, ist außerdem

$$A_{dn} = 2345 = 60600 \cdot \sigma_n (1 - 2\,\sigma_n)$$

$$\sigma_n = \frac{1}{4} \pm \sqrt{\frac{1}{16} - 0{,}0193} = 0{,}25 - 0{,}208 = 0{,}042.$$

Folglich ist

$$a \cdot 15{,}7 = b + 0{,}0024,$$
$$a \cdot 36 \;\; = b + 0{,}042\;.$$

[1]) Wenn die ungefähren Werte von η und $\cos \varphi_1$ für Vollbelastung bekannt sind, kann natürlich J_{1n} daraus berechnet werden.

In der Fig. 48 ist eine Gerade durch die Punkte ($J_1 = 15,7$, $\sigma = 0,0024$) und ($J_1 = 36$, $\sigma = 0,042$) gelegt, und man findet an dieser Linie für jeden Wert von σ den jeweiligen von J_1.

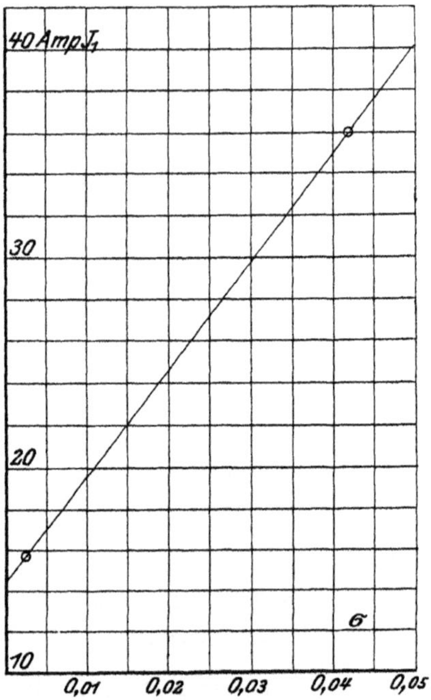

Fig. 48.

In der Tabelle I sind die Größen:

E_{p_1} = Primärspannung in Volt,
J_1 = Primärstromstärke in Ampere,
$E_{p_1} J_1$ = Scheinbare Primärleistung in Voltampere,
A_d = Auf die Motorwelle übertragene Leistung in Watt,
A_w = Kupferverluste sekundär in Watt,
$V_{1\,cu}$ = $J_1^2 \cdot 0,11$ Kupferverluste primär in Watt,
V_0 = Konstante Leerlaufsverluste in Watt,
A_1 = $A_d + A_w + V_{1\,cu} + V_0$ = Gesamtleistung in Watt,
A = $A_d - 145$ = Nutzleistung in Watt,
η = Wirkungsgrad in Prozent,
$\cos \varphi_1$ = Leistungsfaktor in Prozent,
σ = Schlüpfung

ausgerechnet.

In Tabelle II sind die entsprechenden Versuchswerte aufgestellt, die durch mechanische Bremsung des Motors gefunden sind.

In der Kurventafel Fig. 49 sind die gemessenen und berechneten Kurven zum Vergleich zusammengestellt. Man ersieht aus den Kurven, daß die abgekürzten Formeln mit genügender Genauigkeit die Betriebsverhältnisse des Motors bis zur Volllast wiedergeben.

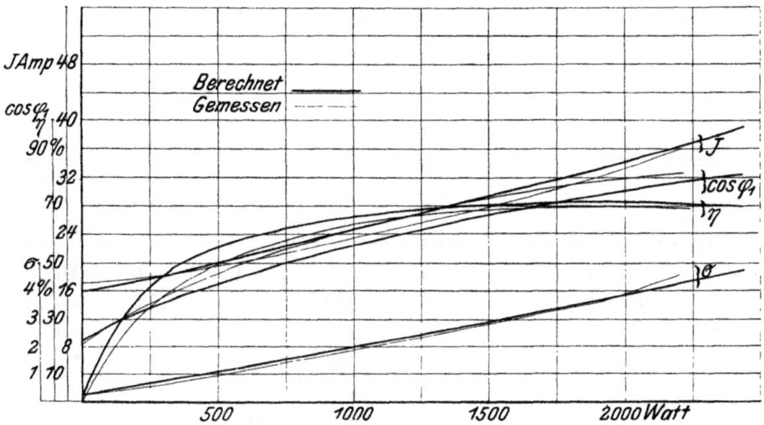

Fig. 49.

Da wir den Winkel φ zwischen der —n-Richtung und der Richtung von $N_y = 90^0$ gesetzt haben und ferner N_{ox} als konstant angenommen sowie einige Quadrat-Termen von σ vernachlässigt haben, verlaufen die berechneten Kurven mehr geradlinig als die experimentell festgestellten.

Außerdem haben wir die Leerlaufsverluste etwas zu niedrig ausgerechnet und die Eisenverluste und zusätzlichen Wirbelstromverluste im Kupfer nicht berücksichtigt. Deshalb fällt η zu hoch, $\cos\varphi_1$ zu niedrig aus.

Tabelle I.

Ep	J_1	$Ep_1 J_1$	Ad	Aw	V_{1cu}	V_0	A_1	An	η	$\cos \varphi_1$	σ
110	15,7	1730	145	1,4	27	200	373	0	0	21,5	0,0024
110	19,8	2180	622	27.0	43	200	892	477	53,5	41,0	0,0105
110	24,0	2640	[illegible]	[illegible]	[illegible]	200	1420	[illegible]	65,5	54,0	0,0185
110	28,0	3080	1500	166	86	200	1952	1355	69,5	63,5	0,0262
110	33,5	3680	2080	330	123	200	2733	1935	71,0	74,5	0,037
110	38,8	4260	2580	530	165	200	3475	2435	70,0	81,5	0,047

Tabelle II.

Ep_1	J_1	$Ep_1 J_1$	A_1	An	η	$\cos \varphi_1$	σ
110	17,0	1870	390	0	0	21,0	0,0033
110	19,2	2112	836	333	39,8	39,6	0,0067
110	21,7	2386	1346	790	58,7	56,5	0,0147
110	23,3	2563	1606	1020	63,8	62,7	0,0187
110	27,5	3026	2176	1445	66,6	72,2	0,0266
110	31,7	3488	2686	1868	69,4	77,4	0,0350
110	33,8	3762	2956	2038	69,0	81,0	0,0400
110	35,7	3972	3186	2206	69,2	80,5	0,0450

Dresden. Berlin: Springer 1927.

Literaturangabe.

Folgende Schriftstücke und Abhandlungen haben mir bei meiner Arbeit über „Die Entwicklungsmöglichkeiten des Induktionsmotors für Einphasen-Wechselstrom" als Unterlage gedient:

Arnó: Ein einfaches Verfahren, um asynchrone einphasige Wechselstrommotoren zum Anlauf zu bringen. ETZ 1898, S. 110.

Arnold: Asynchrone Motoren für gewöhnlichen Wechselstrom. ETZ 1893, S. 257.

Corsepius: Mit Last angehender kollektorloser Einphasen-Wechselstrommotor. ETZ 1903, S. 1012.

Déri: Wechselstrommotor mit großer Anlaufskraft. ETZ 1898, S. 626.

ETZ 1890. Ferrantis Wechselstrommotor, S. 266, und Wechselstrommotor von Elihu Thomson, S. 441.

ETZ 1893. Nicht synchron laufender Motor für gewöhnlichen Wechselstrom, System C. E. L. Brown. S. 81.

ETZ 1894. Versuche an einem asynchronen Wechselstrommotor von 15 PS, System Brown. S. 496.

ETZ 1894. Schaltungen von Tesla-Motoren, S. 99.

Eichberg: Zur Theorie des asynchronen Wechselstrommotors. ETZ 1904, S. 36.

— Einphasen-Kollektormotoren. ETZ 1904, S. 75.

General Electric Co., Bulletin No. 4353: Single-Phase Form L-Motors.

Görges: Zur Theorie der asynchronen Wechselstrommotoren. ETZ 1895, S. 750, 768, 789, 804.

— Über einige Diagramme zum asynchronen Wechselstrommotor. ETZ 1903, S. 271.

Heyland: Wechselstrommotor mit Anlauf unter hoher Belastung. ETZ 1897, S. 523.

Hospitalier: Die Wechselstromelektromotoren. ETZ 1891, S. 481.

Kapp: Elektromechanische Konstruktionen.

— Vorträge.

Latour: Die zweite Form des Repulsionsmotors und des kompensierten Reihenmotors. ETZ 1904, S. 952.

Osnos: Die einphasigen Wechselstrom-Kommutatormotoren, deren Entstehung, Arbeitsweise, Regelung und vergleichende Kritik. ETZ 1904, S. 1, 25, 83.

Pichelmayer: Über Einphasen-Kommutatormotoren. ETZ 1904, S. 464.

Roeßler: Stromverteilung und Energieaufnahme von Kurzschlußankern. ETZ 1898, S. 750, 766.

— Vorträge.

Schmidt: Der Einphasenmotor System Heyland in seiner heutigen Ausführung und Verwendung. ETZ 1903, S. 346.

Schnitzler: Ein neuer Repulsionsmotor und seine Vorausberechnung. ETZ 1905, S. 72, 91.

Schüler: Ein neuer Einphasenmotor. ETZ 1903, S. 565.

— Die Starkstromtechnik auf der Ausstellung in St. Louis. ETZ 1904, S. 898.

Steinmetz: Single-Phase Induction Motor: Amer. Inst. of Electrical Engineers 1898, S. 35.

— Notes on Single-Phase Induction Motors and the selfstarting Condenser Motor: Amer. Inst. of Electrical Engineers 1900, S. 25.

Tesla: Untersuchungen über Mehrphasenströme und Wechselströme.

GPSR Compliance

The European Union's (EU) General Product Safety Regulation (GPSR) is a set of rules that requires consumer products to be safe and our obligations to ensure this.

If you have any concerns about our products, you can contact us on ProductSafety@springernature.com

In case Publisher is established outside the EU, the EU authorized representative is:

Springer Nature Customer Service Center GmbH
Europaplatz 3
69115 Heidelberg, Germany

Batch number: 10682421

Printed by Printforce, the Netherlands